集宁师范学院博士创新科研基金项目 (jsbsjj2330) 资助出版

内蒙古自治区教育科学"十四五"规划项目 (NGJGH2021449) 阶段性成果

心流

从稳态到跃迁

孙俊芳 / 著

中国商业出版社

图书在版编目（CIP）数据

心流：从稳态到跃迁 / 孙俊芳著. -- 北京：中国
商业出版社，2023.12
　ISBN 978-7-5208-2778-2

　Ⅰ.①心… Ⅱ.①孙… Ⅲ.①个性心理学 Ⅳ.
①B848

　中国国家版本馆CIP数据核字(2023)第238682号

责任编辑：王　静

中国商业出版社出版发行

（www.zgsycb.com　100053 北京广安门内报国寺1号）

总编室：010-63180647　编辑室：010-83114579

发行部：010-83120835/8286

新华书店经销

定州启航印刷有限公司印刷

*

710毫米×1000毫米　16开　16.25印张　215千字

2023年12月第1版　2023年12月第1次印刷

定价：98.00元

＊　＊　＊　＊

（如有印装质量问题可更换）

序

心流体验是幸福感研究领域的重要内容。经历心流是获得幸福感的方法之一，在追求幸福成为全人类共同目标的背景下，研究心流体验显得尤为重要。心流体验是指人们全身心投入某项活动中时，会自发地完成各种动作，不需要有意识地加以控制，活动顺畅高效，得心应手，行动与意识融合，甚至忘记周围环境与时间的流逝，丧失自我意识的一种心理状态，常使人废寝忘食，乐在其中。已有的相关研究在心流体验的定义、结构维度、特征、影响因素、神经机制等方面取得了丰富的研究成果。然而，心流体验仍存在一些问题，值得继续深入探究。

心流理论提出心流体验的对立面是焦虑，焦虑会抑制或阻止心流体验的出现。焦虑个体经常处于较高的焦虑水平，对负性刺激存在注意偏向，容易受到无关刺激的干扰而分心。那么，焦虑个体有心流体验吗？如果有，有何特点？

心流理论的核心观点是，挑战与技能平衡（中等难度）时引发心流体验。焦虑个体存在避免失败倾向，中等难度任务会使其更焦虑，主观体验很糟糕。那么，焦虑个体从事什么难度的任务时心流体验最高？心流理论是否会面临挑战？心流现象背后的心理机制是什么？

鉴于上述问题，本书选取特质焦虑个体为研究对象，用打游戏和单词识记学习作为实验任务，在心流三通道修正模型的理论指导下，探索特质焦虑个体心流体验的特点，并从注意力视角挖掘心流现象背后的心理机制。

　　本书的研究思路是先对心流体验的相关研究进行回顾分析，发现现实中的问题，然后通过因果确认来理解现实，最后进行干预实践，使研究结果走向现实，四个研究的内在逻辑关系严谨，层层深入。研究一从宏观层面对"心流体验的前提"做系统评价。研究二在研究一的基础上从微观层面进行实证检验，探索特质焦虑个体心流体验的影响因素，结果表明挑战与技能关系、注意力集中水平、注意焦点、特质焦虑水平都会引起心流体验发生变化，注意力集中是引发心流体验的心理机制。研究三考察特质焦虑个体心流体验的变化性与稳定性特点，结果表明特质焦虑个体的心流体验既有变化性，又有稳定性，通常保持一种动态平衡状态。研究四在研究二、研究三的基础上，考察特质焦虑个体的心流体验能否跃升到更高水平，干预实验的结果表明实验组被试的心流体验在正念训练后发生了稳态应激，跃升到更高的水平并形成了新稳态，再次证明注意力集中是引发心流体验的心理机制。

　　综上所述，本书系统地考察了特质焦虑个体心流体验的特点；澄清了"挑战与技能平衡是心流体验的前提"面临的争议以及"专注是心流体验的前提"与"专注是心流体验的特征"之间的争议；发现注意力集中是引发心流体验的心理机制，注意力与心流体验呈倒 U 形关系；提出了心流理论的拓展模型，扩大了其解释范围。自然科学中的"稳态"和"跃迁"思想具有广泛的方法论意义，本书从"稳态—跃迁"视角解释上述研究的相关结果，提出了"心流体验的稳态与跃迁"模型，认为心流体验通常保持一种动态平衡状态（稳态），具有适度的稳定性和变化性，当受到强烈的或持续的刺激后，也会发生持久的变化并形成新稳态（跃迁）。这些研究结果不仅深化了心流体验的理论研究，对心流现象提出了新的解释框架，还在促进教学效果、提升国民幸福感等领域有重要的应用价值。

本书的撰写是笔者在内蒙古师范大学心理学院应用心理学专业博士学位毕业论文《特质焦虑个体心流体验的特点及心理机制》的基础上完成的，在此，感谢包呼格吉乐图教授、辛自强教授以及各位审稿专家、答辩专家的指导，感谢母校的培养。本书的出版得到了集宁师范学院博士创新科研基金项目 (jsbsjj2330)、内蒙古自治区教育科学"十四五"规划项目 (NGJGH2021449) 的资助以及集宁师范学院教师教育研究院和大学生心理健康教育研究所的支持，在此深表谢意。同时，也感谢中国商业出版社及其相关工作人员为本书的出版所付出的辛劳。

本书经过反复的校对、字斟句酌，但是由于本人的水平有限，书中难免存在疏漏之处，恳请读者批评指正。

孙俊芳

二〇二三年七月于集宁师范学院

　　中国人的幸福感在过去的几十年里呈 U 形变化趋势，1990 年至 2000 年幸福感呈下降趋势，2000 年以后幸福感开始回升并延续至今[1-4]，人们期待获得持续的幸福、"稳稳的幸福"。党的十九大报告提出，使人民获得感、幸福感、安全感更加充实、更有保障、更可持续。那么如何才能获得持续的幸福感呢？学者们提出了各种理论学说和实现路径，其中积极心理学的思想对幸福感的持续提升有重要的指导价值。

　　积极心理学主要有三个研究领域：一是关注人类的潜能，认为人类自身的性格优势和美德是人类向往未来，追求幸福美好生活的力量；二是建立积极和谐的社会团体和民主的社会制度，为提升人们的幸福感和实现美好生活创造条件；三是培养积极的情绪和情感，幸福感和积极的情绪状态是密切相关的，而心流体验是积极情绪状态的一个关键指标[5]。积极心理学的奠基人米哈里·契克森米哈赖 (Mihaly Csikszentmihalyi) 最早对心流体验进行了科学研究。他的初衷是想知道"到底做什么事最幸福"，于是对各界精英在日常生活中的主观体验做了调查研究，结果发现了一个有趣的现象——心流体验。心流体验是当一个人从事一项难度与自己的技能相当的任务时，会进入一种全身心投入、活动顺畅高效、得心应手、行动与意识融合、物我两忘的状态[6-7]，当回味这种状态时感到愉快，很享受这种感觉。

　　积极心理学之父塞利格曼（Seligman）认为，幸福感有三个核心成分：愉快的生活、全身心投入和生活有意义[8]。个体在进入心流状态后会非常专注，全身心投入手头的活动中，当活动结束后会感到愉悦，并且产生继续从事这项活动的内在动机，觉得做这件事本身是有意义的、令人享受的，这是心流体验的结果。显然，个体在经历心流体验的过程中也获得了幸福感。幸福生活的秘密是学会从必须做的事情中获得尽可能多的心流体验，我们做某些活动或事情本身就是目的，因为它值得去做，这样就会沉浸在做事情的过程中，心流体验不期而遇[9]。在生活中获得心流体验越多的人，其幸福感越强，我们可以尝试通过获得心流体验来实现幸福。

契克森米哈赖认为："心流是一种高级的生活方式，如果你想幸福，请你追求心流，心流是幸福的代名词。"[10] 换句话说，获得心流体验是实现幸福的方法之一。这句话的底层逻辑是，个体可以通过锻炼控制自己的意识，专注于做事情本身，不在乎结果，把自己置之度外，在这个自我成长的过程中，会获得乐趣，这个状态就是幸福的。心理学家弗兰克尔（Frankl）也认为"幸福感通常不是作为目标浮现于人们的追求面前，而是目标既达的某种副产品"[11]，即幸福不是人生目的，而是人生目标的副产品。因此，笔者认为，实现幸福的有效途径之一是全身心地投入一项活动中，达到专注、忘我的心流状态，感受到心流体验就意味着收获了幸福。因此，本书的目标定位在如何提高个体的心流体验上。

心流理论中心流的对立面是焦虑[12]，焦虑是一种个体感到紧张、担忧、恐惧的消极体验，是一种内心混乱的无序状态。在物理学中系统的混乱程度被称为"熵"，熵增表示系统从比较有序、有规则的状态走向无序和混乱的状态，"负熵"表示从无序趋向于有序。受此启发，契克森米哈赖在《心流：最优体验心理学》中提出了"精神熵"的概念，认为焦虑是一种精神熵，是精神趋向混沌与无序、喧嚣与骚动的状态；

心流是一种"精神负熵"，是精神趋向于和谐有序的状态[10]。焦虑引起的极度兴奋状态会分散注意力，使人心神不宁、思绪混乱；而心流状态下个体的注意力集中于当前活动上，内心安宁、和谐有序。焦虑与心流的注意过程、情绪体验是相反的。已有研究表明，焦虑与心流体验呈负相关，二者不是同一连续体的两端，而是可以同时存在，此消彼长的[13]。Nibbeling 等研究发现，随着焦虑程度的增加，注意力逐渐从与任务相关的信息上转移到与任务无关的信息上，出现注意力分散[14]。个体在从事挑战水平远远超出自己能力的活动时，就会产生焦虑，焦虑使个体把注意力从当前活动上转移到自己身上或与任务有关的不足上，唤醒了自我意识，个体开始胡思乱想，不能专注地完成任务，进而抑制或阻止了心流体验[13,15]。显然，焦虑会抑制心流体验的发生，那么特质焦虑对心流体验会有什么影响呢？

特质焦虑是一种体验焦虑的倾向，高特质焦虑个体在面对不确定情况时，经常会产生过多的担忧，不能集中注意力完成当前任务，不利于产生心流体验。有学者认为，高特质焦虑会阻止心流体验，因为个体的心理能量是变化的、不稳定的，当一个人担心或焦虑时，其心理能量可能聚焦于焦虑，很难完全沉浸在一项活动中[16]。Asakawa 研究发现，心流体验的频率与特质焦虑呈显著的负相关 ($r=-0.14$, $p<0.05$)[17]。虽然 Asakawa 的研究只是探索了心流体验与特质焦虑的相关性，无法推断二者的因果关系，但是 Asakawa 认为心流体验会降低特质焦虑，特质焦虑也会降低心流体验[17]。这在理论上是有可能的，因为在心流状态下，个体大部分的注意资源都被用于完成手头的任务，没有多余的注意资源用于担忧焦虑，特质焦虑水平会下降；低特质焦虑有助于个体把注意力集中在活动本身和感受心流体验上，而高特质焦虑容易使个体把注意力分散到与手头任务无关的活动上，心流体验受阻。

　　显然，理论上讲特质焦虑会抑制或阻止心流体验的出现，那么高特质焦虑个体有可能感受到心流体验吗？前文已经论述了心流体验是获得幸福感的重要途径，而且提升国民幸福感是面向全民的。那么，高特质焦虑个体试图通过心流体验来感受幸福或者通过提高心流体验进而提高幸福感，有没有可行性？

　　于是，笔者对 16 位研究生做了调查"你认为高特质焦虑个体有没有心流体验？如果有，心流体验出现的频率如何？"，大多数人认为"高特质焦虑个体有心流体验，但是心流体验的出现频率很低"。笔者对 9 位高特质焦虑者也做了同样的调查，他们的回答是"有心流体验，当没有烦恼，做自己感兴趣的事情或重要的事情时，出现心流体验的频率比较高"。显然，前者的回答似乎是大众对高特质焦虑个体心流体验状况的直觉反应，而后者的回答反映了高特质焦虑个体的心流体验不为人知的一面，对本书是有启发意义的。因此，本书的研究对象聚焦在高、低特质焦虑个体上，目的是探究特质焦虑个体的心流体验有何特点、心流现象背后的心理机制是什么以及如何才能提高特质焦虑个体的心流体验。

孙俊芳

二〇二三年七月于集宁师范学院

目录

第一章　概述

第一节　特质焦虑及相关理论概述

一、特质焦虑的定义

Cattell 和 Scheier 把焦虑分为状态焦虑和特质焦虑，其中，状态焦虑是一种情境型的情绪体验，外部刺激会引起个体感到担忧、不安，但如果刺激消失，焦虑情绪也会随之消失；特质焦虑是一种相对稳定的人格特质，个体会经常感到自己处于焦虑中，焦虑情绪是持续的[18]。Spielberger 认为特质焦虑是一种相对稳定的焦虑倾向，是一种焦虑型人格特质[19]。高特质焦虑个体会经常把外界的环境刺激当作威胁性刺激，以高状态焦虑来做出行为反应[20]，具有较高的状态焦虑水平。

二、注意资源理论

美国心理学家 Kahneman 于 1973 年在《注意与努力》（*Attention and Effort*）一书中提出了注意资源理论，该理论又称为注意的能量分配模式[21]。注意资源理论认为，注意是对刺激进行识别和加工的认知资源，个体的认知资源是有限的，完成一项任务所需认知资源的多少取决于任务的复杂程度，任务越复杂需要的认知资源越多，完成几项不同任务所需的认知资源不能超出认知资源总量。个体需要把有限的认知资源分配到同时进行的几项活动任务中，如果其中一项任务占用的认知资源偏多，其他任务可用的认知资源就较少[22-23]，各项任务在占用注意力资源方面是一种竞争关系。

高特质焦虑个体存在负性注意偏向。有研究发现，高特质焦虑个体对负性信息具有明显的注意偏向[24]，倾向于优先关注威胁性刺激，而不是中性刺激[25]，他们对负性情绪不仅存在注意偏向，而且会投入更多的注意资源[26]。例如，高特质焦虑运动员如果把注意资源投入负性情绪中，将很难把注意力转移出来[27]，会影响运动员的发挥。还有学者发现，高特质焦虑个体即使面临的不是威胁刺激，只是不确定信息，他们也会出现无法控制的担忧、走神情况，不能把注意力集中在当前活动任务上[28]。

三、认知干扰理论

认知干扰理论（Cognitive Interference Theory, CIT）认为焦虑会引发与任务无关的想法（如担心失败、害怕负面评价等），这些内部干扰会降低个体对手头任务的注意力，导致相对较差的表现。这些想法也会占用认知资源，使用于当前任务的注意资源减少，对操作成绩产生不利影响[29]。高度焦虑的个体会受到更严重的认知干扰，出现更多与任务无关的想法。

"焦虑占用了注意资源，使用于当前任务的资源不足"这一观点是被广泛认可的，但是"对操作成绩产生不利影响"这一观点仍存在争议。有研究发现，焦虑不会影响成绩或操作表现，如高、低焦虑个体在组词任务中的成绩相似，但高焦虑个体却出现了更多的负面想法[30]。Eysenck 和 Calvo 认为，焦虑会使个体在当前的任务中投入更多的注意资源，付出更多努力来提高成绩，高、低焦虑个体虽然取得同样的成绩，但高焦虑个体投入的注意资源更多，加工效能降低[31]。

综上，认知干扰理论认为焦虑导致个体对当下任务的注意力下降，加工效能降低，完成当前任务需要消耗更多的认知资源；焦虑引发的负面想法也占用了认知资源。

四、注意控制理论

注意控制理论（Attentional Control Theory, ACT）阐述了特质焦虑对个体的注意以及认知加工的影响。该理论有两个核心观点：一是焦虑影响刺激驱动与目标导向的注意系统；二是焦虑影响中央执行系统的抑制和转移功能[32]。Corbetta 和 Shulman 认为个体有两种注意系统，一种是自上而下的目标导向的注意系统，另一种是自下而上的刺激驱动的注意系统[33]。注意控制理论在双重注意系统的基础上提出焦虑会损害两个系统之间的平衡，干扰目标导向的注意系统，导致认知加工过程偏向刺激驱动的注意系统[32]。有研究进一步分析了特质焦虑和状态焦虑对注意网络功能的影响，发现特质焦虑会干扰目标导向的注意系统，相比于低特质焦虑个体，高特质焦虑个体执行控制功能的效率更低，但是特质焦虑对刺激驱动的注意系统没有影响；状态焦虑会干扰刺激驱动的注意系统[34]。高特质焦虑个体在认知控制中对自上而下的注意控制资源的投入减少[35]。

综上所述，高特质焦虑个体会在负性刺激中投入更多的注意资源，焦虑本身也会占用注意资源，对目标导向的认知控制过程投入的注意资源减少，使完成当前任务的注意资源不足。

第二节　心流体验的研究综述

一、心流体验的定义及相关概念的辨析

（一）心流体验

心流体验（Flow Experience）也被称为流畅体验、沉浸体验、最佳

体验、福流。这一概念从 1975 年提出至今，学者们对其下了各种定义，经过梳理文献发现，这些定义都是根据个体在不同活动领域中心流体验的主要特征来描述的。因此，根据心流体验的特征来划分，心流体验的定义包括以下几种观点。

1. 单因素说

单因素说认为心流体验是一种专注或完全沉浸于某项活动中的积极体验 [36]，专注是最核心的特征，心流体验还会伴随一些其他的特征。

2. 双因素说

有学者认为心流体验就是对一项活动的完全投入和从活动中获得享受 [37]，完全投入和享受是典型特征，完全投入是个体专注于活动的表现。还有学者提出心流体验是一种专注并且行动流畅的状态，专注和行动流畅是主要表现，其中专注是核心要素 [38]。

3. 三因素说

Bakker 研究了个体在工作中的心流体验，认为心流体验是以专注、工作享受和内在动机为特征的短期高峰体验，其中专注和享受是核心要素 [39]。

4. 四因素说

Trevino 和 Webster 认为心流体验是人与计算机互动过程中的娱乐性和探索性，是从无到强的一个连续变量，包括控制感、注意力集中、好奇心和内在兴趣四个维度 [40]。

5. 五因素说

Engeser 认为心流体验是一种包含多个方面的复杂体验，行动和意识融合、注意力集中、自我意识丧失、控制感和活动自带目的性这五个要素都存在，个体才能感受到心流体验，其中注意力集中是核心要素[41]。彭凯平主张把"Flow"译为"福流",福流是一种达到物我两忘的状态,做起事来得心应手,既不关心别人的评价,也不关心最后的结果,只体验此时此刻的过程,完成之后有一种酣畅淋漓的快感[42],他认为福流有五大特征,包括全神贯注、物我两忘、驾轻就熟、点滴入心和酣畅淋漓。

6.九因素说

契克森米哈赖认为心流体验是人们全身心投入某项活动中时,忘却周围环境、忘却时间流逝,甚至暂时失去自我意识,达到一种物我两忘的心理状态,在这种状态下,个体会自发地做出各种动作,不需要有意识地加以控制,能够使人废寝忘食,乐在其中[6, 12]。他认为心流包括九种特征:挑战与技能平衡、明确的目标、及时的反馈、专注、行动与意识融合、掌控感、时间感扭曲、自我意识消失、自具目的性[43]。

可见,心流体验的内涵具有多样性和丰富性。然而,上述几种心流体验的定义也有一个共识,它们都认为专注(注意力集中)是心流体验的核心要素。

心流体验既可以表示当下的状态(静态),也可以反映心流体验发生的过程(动态);既可以用来描述个体经历的主观体验(一种现象),也可以用来指活动结束后,个体回味时体验到的积极体验(一种结果)。当心流体验出现时,个体可能只感受到了其中的几种特征,并不是所有的特征都会同时出现。

(二)心流体验与高峰体验

马斯洛(Maslow)的需要层次理论中,最高层次的需要是自我实现需要,每个人都具有一定的潜力,可以通过发展自己的潜力达到自我实现。自我实现者的特征之一是能够感受到高峰体验,高峰体验的时刻也是自我实现的时刻，是人最快乐、最幸福的时刻，也是心醉神迷、与周围世界融合在一起的时刻 [44]。

1.心流体验与高峰体验的共同点

（1）二者都专注于当下，个体能够全神贯注，感到自己与所觉知的对象融合在一起，忘却了时间，也达到了忘我的境界。

（2）二者在各种情境中都可能出现，在艺术活动、创作、工作中出现的频率更高。

（3）二者出现的时间都比较短暂。

（4）二者都描述个体积极的主观体验，伴随着愉悦、幸福和享受。

2.心流体验与高峰体验的不同之处

（1）心流体验常在人们做自己喜欢的事情时出现，如孩子读自己喜欢的书、家庭主妇为孩子做自己的拿手菜、老人与同伴一起跳自己喜欢的广场舞，这些情况下人们都可能感受到心流体验，与个体是否会达到自我实现没有直接关系；高峰体验常在个体达到自我实现时出现。

（2）心流体验不是"全"或"无"的，在程度上有强弱、深浅之别；高峰体验要么有，要么无，程度比较深刻。

（3）心流体验发生的频率较高，几乎每个人都体验过；而对于高峰体验，能感受到的人相对较少。

（4）心流体验是在科学研究的基础上，对各界人士进行了访谈与问卷调查，系统地开展了系列实证研究，提出了心流体验的定义、结构、特点、影响因素，并建构了心流理论；而高峰体验是从哲学的视角，对这种特殊的体验进行描述性的探究，没有开展实证研究。

（5）契克森米哈赖不仅描述了心流体验的特征，还总结了心流体验发生的规律，即做一件有挑战的事情，挑战和自己的能力相当，对自己参与的活动任务有明确的目标，做的过程中能得到及时、准确的反馈，这些都有助于引发心流体验；高峰体验只是描绘了一种理想的至高境界，马斯洛没有指出如何才能达到这种状态。

（三）心流体验与幸福感

幸福感是积极心理学的重要组成部分。契克森米哈赖最初就是研究人在什么时候最幸福，什么样的人最幸福。他发现认为自己幸福的人往往经历了更多的心流体验，即心流体验带来的结果是令人幸福。契克森米哈赖认为，心流体验不仅在顺境中会发生，在逆境中也可能发生，如个体在危急时刻或为了某项艰巨的任务而辛苦付出，把体能与智力发挥到极致，每一次克服困难都是一个获得幸福的良机，尽管当时不见得愉悦，但事后回味能体验到一种掌控感和成就感，这是最接近幸福的状态[12]。心流体验与幸福感的关系密切，二者呈正相关，个体在活动中产生的心流体验越强，幸福感就越高[45]，我们可以通过开展相关活动，使个体获得心流体验，促进积极情绪和幸福感的提升[46]。心流频率与生活满意度也呈显著的正相关，个体在日常生活中经历的心流体验越多，对自己的生活满意程度就越高。例如，与同龄人相比，频繁经历心流体验的大学生对未来有更多的希望，做事情更加积极努力、有动力，会完全专注于自己喜欢的事情，看到生活的意义[17]。

1.心流体验与幸福感的共同点

（1）二者都可以在参与活动的过程中产生，需要投入大量的精力。当圆满完成某项任务时，个体会产生心流体验，回顾活动时会感到有意义，也很幸福。

（2）二者都伴随着积极的情绪体验，心流体验的结果是带来愉悦感和享受感，幸福感的主要成分之一就是积极情绪。

2.心流体验与幸福感的不同之处

（1）心流状态下个体的自我意识消失，暂时没有自我评价和自我体验，因为自我意识的参与会分散个体的注意力，抑制心流出现；而幸福感是个体对自己生活质量和情绪、情感的评价，自我意识高度参与。

（2）心流体验在先，幸福感在后。心流体验发生在个体专注地完成活动任务的过程中，个体在这个过程中没有情绪体验，当活动任务完成后个体回顾时才感到愉快，充满幸福感。

（四）心流体验与正念

卡巴金（Kabat-Zinn）认为正念是个体有目的地、不加评判地对当下体验的关注或觉察[47]。正念与心流体验在概念上有共同点，都强调关注当下，描述专注于当下的一种心理状态。正念与心流体验的区别如下。

1.心理活动过程不同

正念需要个体觉察自己当下的躯体感受、情绪和想法，如果发现自己走神了，只需要温柔地、耐心地让自己的注意力回到当前的体验上，不加评判地接纳这个过程中产生的消极感受。个体在经历心流体验的过程中，注意力完全集中在当前的活动上，保持高度专注，对活动有掌控感，行动与意识融为一体。

2.意识参与情况不同

正念需要自我意识参与，个体需要时刻觉察自己是否专注于当下，如果走神了，需要自我调控使注意力回到此刻。心流体验是无意识的，进入心流状态后，个体的自我意识消失，没有自我觉察，是一种所思所想与行动融为一体的忘我状态，一旦出现自我意识，进行自我调控，心流体验就会受到干扰。

3.所属的注意种类不同

正念是有目的、有意识的觉察，需要意志努力，属于注意种类中的有意注意。心流体验往往是在熟练的、自动化操作过程中出现的，不需要意志努力，是一种毫不费力的注意，属于注意种类中的有意后注意，是一种更高级的注意。

4.动机不同

正念需要刻意练习，为了缓解焦虑、抑郁，提升专注力，或为了达到其他目的，在外部动机的激励下来练习正念。心流体验是自发的，体验心流本身就是目的，不需要外部强化物。

5.注意指向的对象不同

正念可以随时随地进行，注意指向的对象是活动中自己的感受、情绪和想法。心流状态下注意指向的对象是活动任务本身，注意力都集中在活动上，不会关注自我的感受和想法。

二、心流理论的提出与发展

（一）心流理论的提出

心流理论是美国心理学家契克森米哈赖于 1975 年首次提出的。他认为心流体验是个体把精力都投入某项活动中的一种物我两忘的状态，这种积极的体验能带给人愉悦感和幸福感。前文分析了心流体验与高峰体验的相似之处与不同点，从两个概念提出的时间来看，高峰体验于 1968 年提出，心流体验于 1975 年提出，二者描述的心理现象相似度较高，可以说心流体验是对高峰体验的延续和深化，但契克森米哈赖是否受到了高峰体验的启发和影响，尚未考证。

契克森米哈赖早期的心流研究主要是描述心流现象，其心流理论可以概括为挑战低于技能时，个体会感到无聊；挑战与技能平衡时，会引发心流体验；挑战高于技能时，会产生焦虑。1990 年，他出版了著作《心流：最优体验心理学》（*Flow：The Psychology of Optimal Experience*），对心流体验做了系统的阐述，提出了构成心流体验的八项要素[12]。之后他进一步完善相关研究，并于 1993 年提出心流体验的九种特征，这九种特征受到学界的普遍认可，学者们基于这九种特征编制了多种版本的状态心流与特质心流测量工具。1997 年，契克森米哈赖对心流理论做了修正，认为挑战与技能都处于"高水平"且二者平衡时才会出现心流，心流体验并不取决于挑战或技能的客观水平，而是取决于个体主观感知到的挑战水平和感知技能水平。

（二）心流理论三通道模型

契克森米哈赖在早期的研究中认为，个体的感知挑战与感知技能相平衡是心流体验产生的关键，不论二者高低，只要平衡就会产生心流体验；当感知到的挑战低于技能时，个体会感到无聊；当感知到的挑战高于技能时，个体会感到焦虑。这就是原始的三通道模型（图 1-1）。契克森米哈赖在验证该模型时发现，挑战和技能平衡不会一直产生心流，这种平衡是微妙的，会使心流发生变化[12]，于是他对三通道模型做了修订（图 1-2）。

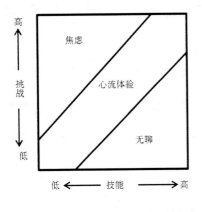
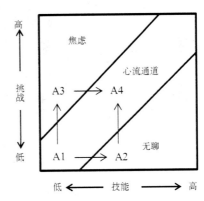

图1-1　心流体验的原始模型　　图1-2 心流体验三通道修订模型

以新手学习打网球为例，个体开始学打网球时，只要把球打过网即可，挑战很低，难度适合个体粗浅的技能，可能引发心流体验（A1）。练习一段时间后，个体的技能提高了，只是完成一个简单的动作会使其厌烦、无聊（A2）；他也可能在练习过程中遇到一个强大的对手，从而产生焦虑（A3）。个体如果感到无聊（A2），他可以选择一个水平与自己相当的对手，就可以再次进入心流体验（A4）。个体如果感到焦虑（A3），他可以加强练习，提高自己的技能，同样能够再次进入心流体验（A4）；理论上讲，个体也可以降低挑战的难度，回到心流体验（A1），但现实中很少发生。图1-2中A1和A4都在心流通道中，但是心流体验A4比心流体验A1更加复杂，A4对应的挑战水平和技能水平更高，心流体验也更深。

（三）心流理论的四通道模型

有研究发现心流体验与挑战、技能的高低有关，低挑战低技能时个体几乎没有心流体验，而是出现了冷漠体验，这对三通道模型提出了疑问[48]。基于此，Csikszentmihalyi等人重新定义了心流理论，认为挑战与技能平衡且二者都达到平均水平以上时才会产生心流体验，并构建了心流体验的四象限模型[49]，也称四通道模型（图1-3）。图1-3中挑战与技能交叉处（O点）为个人面临的平均挑战水平和平均技能水平。低挑战与低技能虽然可以呈现平衡状态，但引发的是冷漠。该模型的适用范围比较广，但是没有明确指出挑战水平与技能水平的平衡该如何评估。

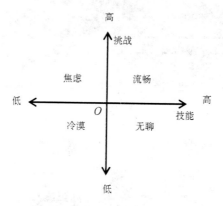

图1-3 心流体验四通道模型

（四）心流理论的八通道模型

Massimini 和 Carli 将四通道模型修正为八通道模型（图1-4），把挑战与技能划分为高、中、低3个水平，组合出8种主观体验[50]。与四通道模型相比，八通道模型增加了觉醒、担忧、放松、掌控四种体验。只有在高挑战和高技能情况下个体才会出现心流体验，低挑战与低技能时，个体出现冷漠；挑战太高时，个体可能会处于觉醒状态，挑战太低时，个体会感到无聊；高挑战与低技能时，个体会出现焦虑，低挑战与高技能时，个体会感到放松；当挑战为中等水平时，个体的技能低会引发担忧，技能高会产生掌控感。八通道模型虽然比四通道模型更详细，注重个体的主观感受，但是这个模型太复杂了，不利于推广和传播，没有被广泛应用，远不及四通道模型的接受程度广。

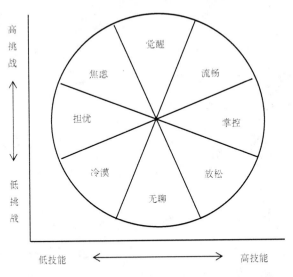

图1-4 心流体验八通道模型

四通道模型和八通道模型都认为，在高挑战高技能条件下才会出现心流体验，低挑战低技能时个体会产生冷漠；而三通道模型认为，当挑战与技能平衡时，个体就会进入心流状态。有研究表明，只要挑战与技能平衡，高挑战高技能与低挑战低技能都会产生心流体验，而且心流体验从高到低依次为低挑战低技能、中挑战中技能、高挑战高技能[51]，该结果不支持心流四通道和八通道模型，而支持心流三通道模型。四通道模型和八通道模型主张高挑战高技能才会引发心流体验，可能是基于复杂的认知活动得出的结论。在复杂认知活动或高难度活动（如下围棋、打网球）中，个体需要大量练习某种技能才能熟练地完成任务，对于高技能的老手来说，只有高难度的挑战才会激发他们完成挑战的动机，使他们认真、专注地完成任务，感受到心流体验；对于新手或入门级水平的个体来说，他们需要很努力地去应对挑战，其操作尚未达到自动化的水平，出现心流的可能性较小。还有学者指出，当个体十分喜欢某个活动任务时，即使达不到高挑战与高技能平衡，他们也能产生很高的心流体验，任务的喜好程度和高挑战高技能平衡对心流体验的预测力相当[52]。因此，相比于心流理论的三通道模型，四通道模型和八通道模型的解释范围更窄。

（五）心流体验因子结构模型

契克森米哈赖提出了心流体验结构的九个特征，包括挑战与技能平衡、明确的目标、及时的反馈、专注、行动与意识融合、掌控感、时间感扭曲、自我意识消失和自具目的性。其中，挑战与技能平衡表示对活动任务的感知挑战水平与自己感知的技能水平相当；明确的目标表示个体明确知道自己下一步该怎么做，可以促使其注意力集中；及时的反馈表示个体不仅知道自己要做什么，而且能及时了解自己的行动表现如何，为完成下一步做好准备；专注表示把注意力全部集中在与当前任务有关的刺激上，注意空间里没有无关刺激，可以被看作一种有限的资源；行动与意识融合表示个体的注意力完全投入在手头的任务上，动作似乎被内在的逻辑指导着，自发地完成，人的意识与行动出现知行合一；掌控感表示个体对活动的每一个动作或操作很熟练，不费吹灰之力即可完成；时间感扭曲表示处于心流状态中的时间似乎过得很快或者很短的时间却感觉过了很久；自我意识消失表示由于个体把所有注意力都集中在当前活动上，与自我相关的内容（如生活中的烦恼、失败、挫折，积极或消极的情绪体验，对自我的反思评价等）都将暂时抛在脑后；自具目的性表示个体不需要外在的物质奖励，活动本身带来的愉悦感、享受感成为个体的内部动机，驱使其主动参与活动[43]。心流体验发生时，这九个特征不一定同时出现，各特征发生的先后顺序是不同的。九个特征根据其在心流过程中的阶段划分为三部分，包括前提条件、心流特征和心流结果，其中挑战与技能平衡、明确的目标、及时的反馈属于心流的前提条件；专注、行动与意识融合、掌控感属于心流的特征；时间感扭曲、自我意识消失、自具目的性属于心流体验的结果。基于此，有学者提出了心流体验的因子结构模型（图 1-5）[49, 53]。契克森米哈赖提出，引发心流体验的三个前提条件中，挑战与技能平衡是主要条件[54]。

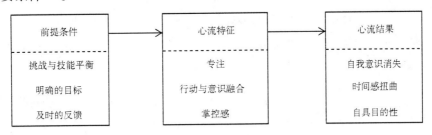

图 1-5 心流体验的因子结构模型

三、心流体验的研究方法

目前，心流体验的研究方法有访谈法、问卷调查法、心理体验抽样法、实验法及其他方法，其中前三种方法被广泛采用。

（一）访谈法

心流体验的早期研究主要采用半结构访谈法，即预先准备好访谈提纲，在实际访谈时会根据具体情况灵活处理，尽可能对访谈对象的心流体验进行详细的了解。这种方法不仅比较费时间，而且人们有时候会混淆自己的感受，自我报告的主观体验不准确。契克森米哈赖正是采用半结构访谈法，请各界精英人士对出现心流体验时的感受、经历以及心流发生频率等做了简短的描述，在此基础上提出心流体验的定义，概括出了心流体验的结构维度。

（二）问卷调查法

问卷调查法是心流体验研究中最常用的方法，它是对心流体验发生的频率、强度以及心流出现的条件与情境等内容进行调查研究。调查心流体验的量表包括两类：一类是状态心流量表，如 Jackson 和 Marsh 于 1996 年编制的 Flow State Scale[55]，Rheinberg 等于 2003 年编制的 Flow Short Scale[56]，都可用来测量个体在活动中产生的状态心流；另一类是特质心流量表，如 Jackson 等人于 1998 年编制的 Flow Trait Scale[16]，Jackson 和 Eklund 于 2002 年编制的 Dispositional Flow Scale-2[57]，可用来测量个体在活动中出现心流体验的倾向及个体差异。

问卷调查法可以一次调查大量的被试，节省时间，也可以根据研究需要来设计问卷，收集相关的信息。但是，使用问卷调查法研究心流体验也存在以下局限：一是问卷调查法通过个体的内省来收集资料，其真实可靠性难免会受到影响；二是让研究对象回顾以往的经历，根据当时的感受来填写问卷，可能会因为时间间隔太长，被调查者难以回顾某些细节，也可能把现在的感受和当时的感受混淆在一起，导致调查结果的可信度降低；三是研究对象参加完特定的活动后马上填写问卷，可以及时反映其主观感受，但是研究对象被要求参加指定的活动，可能会诱发其他的情绪，干扰心流体验的真实状态；四是单维结构的测量工具不能全面体现心流体验的特征，解释力不足，需要尽可能采用多维结构的测量工具进行测量；五是心流体验在不同领域的特征有所不同，其测量工具也不同，使心流研究结果存在差异。

（三）心理体验抽样法

访谈法和问卷调查法要求被调查对象回忆过去的体验，可能存在偏差，因此人们提出了心理体验抽样法（Experience Sampling Method，ESM），它通过多次重复评估个体的即时感受，保证结果的准确性。心理体验抽样法的具体操作方法是主试要求被试戴上一个能发出提示音的电子设备，被试听到电子设备发出的"哔哔"声时，立即完成问卷并传给主试，呼叫的时间、次数及需要被试完成的问卷都是根据研究目的事先设计好的[58]。有学者采用心理体验抽样法测量日常生活中的心流体验及其相关因素，调查时间从早晨 7:30 到晚上 10:30，大约间隔 2 小时随机出现一次声音信号，提醒参与者完成问卷，每天测量 8 次，持续一周[59]。在互联网用户体验研究中，心理体验抽样法也应用甚广，如有研究者调查网络用户的在线行为，在参与者浏览网页的过程中，浏览器上会弹出问卷窗口，提醒参与者及时完成问卷，提示窗口也是随机呈现，结果表明心理体验抽样法在网络在线行为研究中是一种有效且实用的收集数据的方法[60]。

心理体验抽样法的优势是可以跟踪参与者在活动中的认知、情绪、动机等的即时状态，了解参与者日常生活中的真实体验，也可以了解参与者心流体验的动态变化过程，提高研究的客观性和准确性。互联网领域的心理体验抽样法操作更简单、便捷。但是，这种方法也存在缺陷，当参与者正沉浸在活动中时，突然出现的提示音会打断其活动，干扰活动表现和主观体验，如 Kawabata 等人发现在体育活动中，心理体验抽样法会干扰运动员发挥，进而影响运动表现[61]。

（四）实验法

2008 年，Keller 和 Bless 首次使用实验范式来探索任务需求和技能水平的不同组合与心流体验之间的因果关系，他们改编了俄罗斯方块游戏，创造了三种实验条件，即技能水平高于任务需求、技能水平低于任务需求以及根据被试的技能水平自动调节任务需求使二者相平衡，结果发现技能水平与任务需求相平衡时，被试报告的心流体验最强[62]。该研究是基于心流理论三通道模型设计的实验范式，巩固了心流理论中挑战与技能平衡的重要性，也为心流体验的实验研究奠定了基础。另外一种常用范式是根据心流理论四通道模型，把挑战与技能组合成四种实验条件，其中高挑战高技能组合被默认为心流条件，进而了解挑战与技能关系对其他变量的影响，尤其是在心流条件下对其他认知、情感或行为变量的影响。

采用实验法开展的心流研究主要是通过实验室实验完成的，拓展了心流研究的深度，有助于揭示心流产生的原因。然而，实验室实验由于人为设计了实验条件，营造了特殊的实验情境，被试处于非自然状态，因此研究的外部效力较低。

（五）其他方法

除了传统的实验法以外，心流体验还可以通过认知神经科学手段开展实验研究。近年来，利用正电子发射断层扫描（PET）、功能性近红外光谱（fNIRS）、事件相关电位（ERP）、功能性磁共振成像（fMRI）、脑电图（EEG）、生理记录仪等技术开展心流体验的神经生理机制研究已成为趋势。

有研究通过 EEG 技术测量玩家在不同条件下玩游戏时的脑电波，发现心流条件下的 θ 波活动减弱（θ 波活动是精神负荷的指标），这意味着玩家在游戏中操作熟练顺畅，游刃有余，不必担心自己的操作表现，精神负荷降低[63]。还有研究通过 EEG 技术测量个体在 6 小时长跑中的前额叶脑电波活动，并测量其心流体验，发现在长跑 1 小时后，个体心流体验显著提高，前额叶皮层 β 波活动减弱[64]，表明心流状态下个体会出现前额叶功能的暂时性减退。

Ulrich 等人利用 fMRI 技术开展心流研究，用感知任务难度为低、中、高三种条件分别引发了无聊、心流与焦虑情绪，结果发现心流与默认网络负激活相关，心流状态下内侧前额叶皮层（MPFC）的激活程度显著降低[65]。他们进一步研究发现，心流状态下后扣带回皮质（PCC）的激活程度也显著降低[66]。可能的原因是在心流状态下，个体不会有意识地回忆过去，自我反省减弱。

有研究用 fNIRS 检测心流状态下前额叶皮层的激活情况，结果表明个体在视频游戏任务中引发的心流体验伴随着内侧前额叶皮层激活减少和外侧前额叶皮层激活增加[67]。内侧前额叶皮层与自我关注、思维游离有关[68]，外侧前额叶皮层与自上而下的注意和持续注意有关[33]。可见，心流状态下个体主动将注意资源分配到当前任务上，个体的自我反省和走神减少。然而，有研究用 fNIRS 测量了三种条件下参与者玩俄罗斯方块游戏时前额叶皮层的氧合血红蛋白浓度，发现心流状态与前额叶皮层的氧合作用没有关联[69]。

Salimpoor 等人通过 PET 技术探究个体在欣赏音乐过程中纹状体的激活情况，结果发现心流体验的强度与伏隔核内源性多巴胺的释放正相关[70]。另一项研究也发现心流倾向与多巴胺 D2 受体的密度正相关[71]。多巴胺可以提升注意力集中水平，促使人把注意力持续保持在目标任务上，并且让人产生愉快、兴奋的感觉。显然，活动任务刺激多巴胺释放，使个体注意力集中，促进了心流体验的出现。

也有研究通过采集心电、呼吸、皮肤电阻来测量心流状态下的生理指标。如有研究发现心率（HR）和心率变异性（HRV）的增加可能伴随着心流状态[72]，皮肤电是注意力或唤醒的指标，也是测量心流的有效指标[73]，个体处于心流状态时，皮肤电会增加。个体进入心流状态的过程中，心流体验越深伴随的呼吸深度也就会越深，呼吸频率降低[69、74]。

以上研究中，探索心流体验的神经生理机制所采用的技术手段不同，得到的结果也就不同，但是这些研究倾向于从注意力的视角对心流体验的神经机制做出解释，依据是心流状态下个体的注意力高度集中，是一种毫不费力的注意，其注意资源分配到当前的任务上，对自我的关注、反省减弱。这些研究对从注意视角探索心流体验的心理机制是有启发意义的。

四、心流体验的影响因素

（一）引发心流体验的前提条件

学者们普遍认可引发心流的前提条件是挑战与技能平衡、明确的目标与及时的反馈。其中，挑战与技能平衡是引发心流体验的关键条件。心流理论三通道模型认为只要挑战和技能平衡，就可以引发心流体验；四通道模型和八通道模型主张只有高挑战、高技能且二者平衡时才能引发心流体验。大量实证研究通过操纵任务的感知难度和感知技能的关系，验证了挑战与技能平衡时心流体验最高。需要注意的是，挑战与技能平衡是引发心流体验的主要条件，不等同于心流体验本身。然而，有少数研究发现，挑战与技能不平衡时心流体验得分更高，如国际象棋棋手在面对比自己水平高的对手时，心流体验更强[75]；也有研究发现，参与者在统计学或外语学习中，他们的技能比所面临的挑战高得多时，心流体验最强[38]。这些结果表明，通常情况下挑战与技能平衡时引发的心流体验最强，但是也存在个别情况，如个体的技能水平、活动领域、情境因素也可能影响心流体验。

明确的目标与及时的反馈也是引发心流体验的重要条件。当个体对所从事的活动有明确的目标时，他们就会知道自己该做什么、如何去做，会把注意力集中在手头的任务上，容易进入专注的心流状态。及时的反馈可以让个体知道自己做得如何，在完成每一步操作后，马上判断自己是否需要做出调整，充分地调动注意资源，保障完成当前任务的注意资源充足，操作流畅，得心应手。显然，明确的目标与及时的反馈都可以帮助个体把注意力集中在当前的任务上，使个体更容易进入专注、对任务有掌控感、行动与意识融合的心流状态。换言之，明确的目标与及时的反馈对心流体验的影响，可能都是通过使个体的注意力更加集中来实现的。

除此之外，注意力集中（专注）也被认为是心流体验的前提条件。[10]心流的发生必须具备两个条件：一是挑战与技能平衡；二是注意力必须集中[76]。注意力在进入与保持心流状态中起着关键作用，进入心流状态在很大程度上取决于个体过去培养的兴趣能直接使注意力指向某项活动；保持心流状态取决于个体能把注意力持续集中在当前活动上，以协调统一的方式引导有机体，使注意力完全沉浸在与活动相关的刺激上[15]。也有研究采用访谈法调查了注意力在心流发生中的作用，如优秀花样滑冰运动员进入心流状态最重要的因素包括保持适当的注意力，而阻止心流的因素包括无法保持专注[77]。Jackson 在一项研究中采访了精英运动员，明确指出影响心流体验的关键因素是专注，一旦出现过度关注别人在做什么、在乎别人对自己的看法或考虑其他竞争对手的表现，这些分心的想法都会阻碍心流，这表明心流的前提是专注于当下的特定任务[78]。其他学者也提出，保持对当下的注意聚焦是实现最佳表现和心流的有效策略[79]。还有研究探讨了注意力集中对心流的解释力，如 Bakker 对心流体验的几个独立维度做了探索性因子分析，发现专注可以解释心流体验 10% 的差异[39]。然而，这些研究更多的是从理论层面进行了探讨，没有检验注意力与心流体验的因果关系。

令人深受启发的是，有研究在模拟驾驶任务中发现，被试在外部聚焦条件（如何去目的地）下比内部聚焦条件（关注方向盘）下表现出更高的心流，这意味着注意力聚焦在外部焦点上对引发心流体验有促进作用[80]。以往的心流研究主张注意力集中是心流体验的特征或进入心流状态的表现，而 Harris 等人的研究采用实验法证明了注意焦点会影响心流体验，为注意力与心流体验的因果关系研究奠定了基础。

还有学者从注意力的视角解释了心流现象，在探究注意力与刺激水平之间的关系（表 1-1）时发现，缺乏刺激和过度刺激会导致注意力水平降低，注意力不集中；缺乏刺激会使个体感到无聊、冷漠，过度刺激会引起个体焦虑和恐惧；最佳刺激使个体处于一种"放松戒备"状态，此时个体拥有最佳的注意力驱动，能保持注意力集中，有效地做事[81]。

表1-1　注意力与刺激水平的关系

项目	刺激水平		
	缺乏刺激	最佳刺激	过度刺激
主观体验	无聊、冷漠	心流、放松戒备	焦虑、恐惧
注意力集中程度	不集中	集中	不集中
注意力水平	低	高	低

该研究进一步提出，注意力与刺激水平呈倒U形关系（图1-6），刺激水平太低或太高时，注意力水平很低；在曲线的中心区，刺激水平恰到好处，注意力也比较集中，这个区域被称为注意力专区；曲线的顶端代表注意力达到了最佳状态，这是一种理想状态，注意力只要能达到曲线顶点附近的范围就是集中的，个体做事情会很专注，容易引发心流体验[81]。也就是说，个体进入自己的注意力专区，保持较高的注意力水平，就容易达到心流状态。由于注意力专区内的注意力水平不同，引发的心流深度也有所不同。

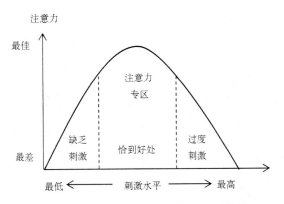

图 1-6 注意力与刺激水平的倒 U 形曲线

刺激水平和挑战与技能的关系是相呼应的，我们把上述注意力与刺激的关系和心流理论整合在一起可知，挑战与技能平衡时出现心流体验是通过注意力集中来诱发的，注意力在二者的关系中起着重要的作用。当挑战低于技能时，任务的刺激强度不足，肾上腺素分泌水平很低，个体缺乏足够的驱动力，很难集中精力全身心投入，行动缓慢，会觉得任务很无聊。挑战高于技能时，任务的刺激强度过高，肾上腺素分泌过多，个体容易进入面临威胁的应激状态，注意力难以集中，思想与言行中表现出担心、焦虑或恐惧。挑战与技能平衡时，个体能够胜任当前的任务，适度的刺激使个体处于"放松戒备"的状态，即肌肉放松，意识保持警惕性，体内分泌出适量的肾上腺素，此时个体的注意力集中，拥有最佳的注意力驱动，会促进心流体验出现。以上分析可以支持注意力集中是引发心流体验的前提，有助于从注意力视角揭示心流现象的心理机制。

（二）人格特质

心流体验不是"全"或"无"的，而是存在中间状态，每个人都会感受到心流体验，但是由于存在个体差异，体验到的心流强度有所不同。心流体验与人格特质有关，契克森米哈赖认为能频繁感受到心流体验的人，具有一种自得其乐的人格特质，这种人格特质被称为自带目的性人格（Autotelic Personality）。具备这种特质的人参加活动或做事情不需要外在目标或奖励的驱使，其目的就是体验活动过程本身[82]，他们能在各种情况下体验到乐趣，具备控制刺激信息进出意识的能力，能够过滤掉无关刺激，减少外界干扰，主动把精神能量（注意）聚集在当下，获得心流体验的可能性较大。Asakawa 以日本大学生为研究对象，发现自带目的性人格的个体比其他人在日常生活中经历心流体验的可能性更大[83]。

大五人格特质、自信、焦虑、内在动机等也会影响心流体验。大五人格特质与心流体验之间关系的相关研究发现，外向性与开放性影响心流体验的频率，而神经质的个体更难经历心流体验[84-86]。Heller 等人用艾森克人格测验测量了心流与人格特质的关系，发现高外向性的个体更容易经历心流体验，神经质得分高的个体更少经历心流体验[87]。也有学者指出，焦虑与自信是影响心流体验的人格变量之一，也是决定运动员是否进入心流体验的关键因素[88]，焦虑与心流体验的各维度呈显著负相关，而特质自信与心流体验的各维度呈显著正相关[89]。还有学者指出，具有心流倾向的个体往往具备几个特点：对新异事物的好奇心、面对挑战的坚持性、开放性、自我超越、低自我导向等[90]。内在动机也是引发心流体验的一个主要因素，契克森米哈赖发现攀登、篮球、国际象棋等活动能够使人产生内在动机，内在动机又使个体与活动融为一体，进而引发了心流体验[6, 82]。内在动机与心流体验的关系可以概括为个体的内在动机越强越容易诱发心流体验，个体的心流体验越强越容易激发内在动机，二者是互相促进的。心流体验会给个体带来愉悦感和享受感，个体为了这种积极体验愿意主动再次尝试，而不需要外在的奖励，可以说心流体验本身就具有内在动机的作用。

（三）情境因素

情境因素也是影响个体心流体验的主要因素。Fullagar 和 Kelloway 采用心理体验抽样法追踪了 40 名建筑学专业的学生在 15 周中的心流体验，结果发现与人格特质相比，心流体验有 74% 的差异是由情境因素引发的，由此他们认为心流体验主要是一种情境性的状态，而不是一种特质或性格 [91]。Kimiecik 和 Stein 认为在体育运动中心流体验是个体和情境相互作用的结果，并提出了心流的个体与情境交互作用模型，其中情境因素包括运动类型、比赛重要性、对手的能力、教练的行为、队友互动行为等，该模型从个体和情境两方面对心流体验的影响因素做了较为全面的概括，对此后的相关研究有重要的指导作用 [88]。Russell 认为，不同类型的任务（团体运动、个体运动）会影响个体在竞技比赛中心流体验的出现频率 [92]。Jackson 和 Csikszentmihalyi 发现，熟悉的刺激往往能促进个体投入活动中并使其产生心流体验 [79]。活动情境的参与感也会影响心流体验，如有研究发现直播购物相比于传统的网页购物有更强的社会临场感和心流体验 [93]。总之，由于心流理论具有广泛的适用性，涉及的情境因素也纷繁复杂。

五、心流理论的应用研究

心流理论已被广泛应用于多个领域，但是 Flow Experience 在各领域的翻译有所不同：在体育、艺术领域被称为流畅体验，在网络领域被称为沉浸体验，在教育领域被称为心流体验。从心流体验应用在各领域的时间轨迹来看，心流体验大致是早期应用于体育、艺术领域，然后扩展到教育、工作、休闲、心理健康等领域，最后与信息技术相结合，研究网络聊天、网上购物、网络游戏、网页浏览等方面的内容。

（一）体育、艺术领域的心流研究

契克森米哈赖在早期的研究中发现，个体在音乐、绘画、攀岩、瑜伽等艺术类和体育类活动中能频繁地出现心流体验。

心流理论在体育领域的研究成果很多，主要集中在四个方面：一是利用心流理论指导教学工作，如教师根据心流理论为学生创设能够引发心流的训练情境[94]；二是体育活动中心流体验的特点和影响因素的研究，探索各类体育项目中运动员的心流体验在性别、运动员等级、队伍级别等方面的特点以及心流体验各维度的特点和影响心流体验的因素，如一项对优秀女子排球运动员的调查表明，主力队员的心流高于非主力队员[95]；三是心流体验的相关性研究，如有学者对多种运动项目的运动员进行考察，发现心流体验与比赛成绩呈正相关[95]；四是修订或编制心流体验测量工具，如刘微娜对《简化状态流畅量表》和《简化特质流畅量表》做了中文版修订[96]，李广学等对《运动员流畅状态量表》做了修订与检验[97]，张平等编制了休闲骑行运动领域的《流畅状态量表》[98]。

艺术领域的心流研究成果主要集中在三个方面：一是用心流理论指导教学，如探索在舞蹈教学中提高学生心流体验的训练方法[99]；二是心流体验的特点，如叶波研究了中国职业舞者在表演中的流畅状态的特征[100]；三是心流体验的相关性研究，如在音乐表演中个体的心流体验与表演焦虑呈负相关[13]。

（二）教育领域的心流研究

心流理论与学习相结合是一个历久弥新的研究课题。有研究要求中学生以两种方式学习科学知识，实验组学生使用虚拟现实设备学习，对照组学生使用电脑视频学习，结果发现实验组被试的心流体验和学习成绩都显著高于对照组。虚拟现实技术具有强大的临场感和交互性，促进了学生学习过程中的心流体验，沉浸式的学习环境能促进学生对学科知识的理解与建构，提高学习成绩[101]，学生的学业成绩与心流体验呈正相关[102]。心流体验与学习动机关系密切，如王峥芳等人研究发现心流体验与内部动机互相影响，内部动机会激发学生的学习兴趣，使学生更努力地学习，提高学习能力，促进技能与挑战的平衡，进而产生心流体验；心流体验会让学生感受到学习带来的快乐，喜欢学习，享受学习的过程，这种积极体验具有奖励性，会引发学生更强的内部动机[103]。还有学者研究了学习中心流体验的结构、特点与影响因素，如叶金辉以青少年为研究对象，编制了青少年学习沉浸体验问卷，并探究了青少年学习沉浸体验的特点、影响因素及机制[104]。

随着网络学习的兴起，心流体验与网络学习相结合的研究成果颇丰。Sedig 把心流理论应用在数学学习软件的设计中，通过增强学生学习数学的心流体验，促进其理解所学内容[105]。在线学习中，心流体验对学习投入有积极的影响[106]，学习者的心流体验显著影响其在线持续学习意愿[107]。游戏化教学是目前的研究热点之一，从心流理论的视角把游戏化教学与相关课程结合起来，设计游戏化课程目标，优化学生学习体验，促进学生高质量的学习[108]。

（三）网络领域的心流研究

Hoffman 和 Novak 首次把心流体验引入网络用户心理与行为的研究中，丰富了人机交互领域的研究成果[76]。网络背景下心流体验的结构维度与心流理论中的九个特征略有不同，通常会增加远程临场感这一维度，如 Pace 发现临场感对网络用户的心流体验有重要作用[109]。在 3D虚拟世界研究中，临场感更是一个重要的结构维度，会引起个体在虚拟世界的心流体验与享受[110]。

心流体验对网络用户的使用行为和消费行为有重要影响，有研究发现心流体验会影响用户再次访问网站的意愿[111]，也会影响用户对网站的持续使用意图[112]，心流可以提高用户满意度，促进用户的使用行为[113]。心流体验也是用户在线消费行为的重要指标[114-115]，用户在浏览品牌网站时产生的心流体验，会使其更加喜爱该品牌的产品，增强品牌忠诚度，进而提高对品牌的消费行为[116]。网络游戏中的心流体验可以解释玩家痴迷游戏的原因以及对游戏的忠诚度[117]。有学者对网络成瘾者的调查表明，心流体验对网络成瘾有重要影响[118]，心流体验与玩网络游戏的行为存在交互作用，二者互相影响[119]。青少年对网络游戏的热爱，启发学者们将游戏和教学结合在一起，用心流理论来指导游戏化学习环境的设计，促进学生高效学习。

六、心流理论中的"稳态"思想

美国生理学家坎农（Cannon）提出，稳态是一种围绕设定点上下波动的动态平衡状态[120]。稳态能使偏离设定点的值调回原来的平衡水平，使有机体维持相对稳定的状态；如果外界环境发生了强烈的变化，有机体为了适应环境，其生理指标也会发生相应变化，即有机体经历了稳态应激过程，生理指标达到的新水平被称为稳态应激态[121]。稳态应激态不稳定，可能会恢复到原来的稳态，也可能稳定下来形成新稳态[122]。有机体为了生存和繁衍，就会努力适应不断变化的环境，使原来的稳态进化成能更好地适应新环境、更加稳定的新稳态，这被称为稳态的跃迁[123]。跃迁有上升和下降两种可能的结果，稳态跃迁到了更高的水平称为跃升。

心流理论研究人与环境构成的复杂动态系统，是一种人与环境相互作用的现象学[15]。所有的人类行为，从繁衍后代的生物本能到维系社会组织的文化倾向，都依赖于意识，而意识拥有一种实现内稳态的倾向，确切地说是获得心流体验的倾向，意识寻求心流体验这一心理过程不仅成为物种和文化生存的熔炉，而且是自我和文化进化的驱动力[124]。

简言之，心流体验是一种稳态，是自我进化的动力和目的。而个体获得心流体验的动力来自挑战与技能的平衡，如果感知的技能低于任务的挑战，个体就会感到焦虑，并通过学习新的技能来寻求平衡；如果感知的技能高于任务的挑战，个体就会感到无聊，并试图通过寻找更具挑战性的活动来达到平衡[48]。挑战和技能的同时增长意味着意识的内容和结构在增长，这又会促进个体客观、高效地应对挑战，使注意力更集中，这是个体与环境相互作用的过程。

心流体验本质上对个体是有益的。个体会主动寻求，再次感受心流体验，这是一种促进成长的选择。当个体在一项活动中掌握了挑战，就意味着他的技能水平提高了，这项活动将不再带来最佳体验。为了继续获得心流体验，个体必须选择新的挑战，并不断提高自己的技能。最佳挑战的选择会不断延伸现有的技能，使个体完成活动的能力变得越来越复杂，心流水平越来越高，不断去追求内心秩序与和谐就会成为一种成长原则[15]，这被称为自我的目的性，会引起意识的秩序和复杂性的增长，即便没有得到外在的强化，个体也会体验到快乐和回报。换句话说，追求心流体验是自成目的的，不需要外部强化。自我目的性的逻辑是对更大复杂性的持续探索，是一个无止境的最大化过程，个体会朝着越来越高的感知挑战和技能水平前进，去不断获得更强的心流体验[125]。为了重复体验这种感觉，个体必须找到更高的挑战，获得更复杂的技能。这个过程促进了复杂性的进化，心流体验就像进化的引擎，将我们推向更高层次的复杂性[126]。

心流三通道修正模型提出，挑战与技能平衡是心流产生的前提。挑战与技能之间的动态平衡提供了最佳体验，当二者平衡时，个体进入心流状态，内心感到宁静、和谐、有序。但是，挑战与技能之间的平衡关系是脆弱的，技能超过挑战或低于挑战，二者将不平衡，个体会产生无聊或焦虑，内心感到混乱、失序[12]。这种负面情绪为个体与环境的相互作用提供了反馈信息，帮助其重新调整挑战或技能的水平，使二者再次达到平衡，促进个体再次进入心流状态[127]。这是一个挑战与技能关系的平衡—失衡—再平衡过程，个体的主观体验也经历了心流—非心流—再次心流的过程。心流体验从对角线的低端上升到高端，随着挑战水平与技能水平的提高，心流水平也更高。这意味着心流体验作为一种稳态，通常维持在某种内在和谐稳定的状态，外界刺激可能引起个体内心失序，但是一段时间后，这种内在的精神状态将恢复到原来的心流状态，也可能进入更深的心流状态，即心流体验发生了跃升，形成了新稳态，这一观点与幸福感的稳态与跃迁模型极为相似。幸福感的稳态与跃迁模型主张幸福感是一种稳态，通常在某个设定点范围内波动，既有稳定性，又有变化性，但是当个体经历的正面（或负面）生活事件对其影响很大时，会引起幸福感的上调（或下降），并在此基础上形成新稳态[123]。如果心流体验的实证研究能支持心流的稳态过程与形成新稳态过程，我们也可在此基础上提出心流体验的稳态与跃迁模型。

第三节　焦虑与心流体验的关系

心流理论指出，焦虑是心流体验的对立面[12]，心流体验高时焦虑水平低[128]，焦虑水平高时心流体验低，焦虑会抑制心流体验的产生[13]，二者之间呈负相关[129-132]。例如，一项关于小学生团队竞赛的研究发现，竞争焦虑与心流体验呈负相关[133]；口译专业硕士生的口译学习焦虑与口译时的心流体验呈显著的负相关[134]。

有研究表明，音乐家的心流体验和专注力的提高均与表演焦虑的降低有关，瑜伽和冥想能够提高心流体验和正念水平，降低焦虑水平[135]。

焦虑水平能预测进入心流的能力，Kerr 发现焦虑水平低的个体更容易出现心流 [136]。例如，相比在运动中焦虑水平较高的运动员和焦虑不容易缓解的运动员，焦虑水平较低的和焦虑容易缓解的运动员更有可能经历心流体验 [137]。一项纵向研究发现，积极参加学校活动并有更多心流体验的青少年体验到的焦虑更少，持续的心流体验对积极情绪有递增效应 [138]。

在体育竞赛中，焦虑对心流体验有负面影响。有学者提出，竞争焦虑不是产生心流体验的因素，而是妨碍心流体验的情绪 [139]。那些不断地与别人比较能力并被比赛结果（输赢）影响的运动员，更有可能把竞争情境看作具有威胁性，这会使其更加焦虑，心流体验更低 [140]。认知焦虑和躯体焦虑都对运动员的心流体验有负面影响，认知焦虑与心流体验的负相关比躯体焦虑更强 [131]。

在学业或运动表现中，焦虑也会影响心流体验，进而影响成绩或表现。一项研究发现，焦虑影响数学成绩是以心流体验为中介的，焦虑使个体注意力不集中，难以进入数学学习或考试的最佳状态（心流状态），导致成绩不理想 [103]。数学焦虑水平高的学生精神负担过于沉重，甚至在考试过程中都会担心考试成绩以及可能面临的惩罚或损失，这使学生不能全神贯注于考试，进而阻碍了心流体验的产生。相反，当个体不再担心成功与否，全身心沉浸于活动中，往往可以达到更好的效果。焦虑的产生源于主观层面上挑战与技能之间的不平衡，这种不平衡抑制了心流体验的产生，个体无法进入完成任务的"最佳状态"，因而导致较差的成绩。契克森米哈赖发现，在活动过程中报告了心流体验的学生比那些没有报告心流体验的学生进步更大 [141]。

特质焦虑与心流体验也呈负相关，高度焦虑的个体认为自己缺乏胜任挑战所需的能力，难以取得成功，削弱了其心流体验的强度，导致了次优体验 [6]。斯力格等人研究发现，竞赛特质焦虑与运动员心流体验总分及其各因素呈显著负相关[142]。运动特质焦虑与心流体验中除时间感扭曲之外的其他八个特征呈低至中等负相关[131]。焦虑与特质心流也呈负相关，除了时间感扭曲和明确的反馈，运动焦虑与特质心流的其他七个维度均呈中等程度负相关，相关系数达到了显著水平[143]。

综上所述，状态焦虑、特质焦虑都与心流体验呈负相关，高状态焦虑或高特质焦虑个体的心流更低；低状态焦虑或者低特质焦虑个体的心流水平更高。状态焦虑、特质焦虑与心流体验的关系研究主要是采用相关分析或者结构方程方法，很少有实验研究。

第二章　问题提出与研究内容

第一节　研究问题提出

一、已有研究的不足

过去几十年，研究者对心流体验进行了大量的探讨，也取得了一定的研究成果，促进了心流体验在各领域的广泛应用。但是，已有研究在研究内容、研究方法方面还存在一些不足之处。

（一）研究内容的不足

研究内容方面，已有的研究主要集中在个体在不同活动领域中引发的心流体验的结构维度、特点、影响因素等方面，但是对心流体验的深度挖掘不够[144]。

1.对心流体验的心理机制缺乏深入探讨

目前的研究普遍认为，引发心流体验的前提条件是挑战与技能平衡、明确的目标、及时的反馈[49]，其中挑战与技能平衡有着举足轻重的地位。心流理论的三通道模型、四通道模型、八通道模型均是建立在挑战—技能组合与心流体验的关系基础上，主张挑战与技能平衡时引发心流体验。然而这三个模型都是从现象层面或者客观因素方面描述了容易引发心流体验的因素，没有深入分析心流现象背后的心理机制。还有学者认为引发心流体验的前提是专注[10]，但是这一观点没有相关的实证研究做支持，也没有进一步对专注是引发心流的前提作出解释。

2.心流体验的理论解释力不足

心流理论三通道模型、四通道模型和八通道模型都无法解释为什么挑战与技能平衡时没有出现心流体验[48]，也无法解释为什么挑战与技能不平衡时出现了心流体验[38, 145]。

3. 对心流体验的稳态和动态变化研究不足

有学者提出心流体验是一种稳态[124]，这是一个从生理学视角研究心流体验的新思路，然而很少有研究从动态变化过程和稳定性的角度探索心流体验的特点。

（二）研究方法的局限

心流体验是一个抽象的概念，很难明确地识别，也难以用统一的测量工具来衡量。不同的活动任务中，心流体验的典型特征有所不同，如在虚拟现实研究中临场感是典型特征，休闲活动中享受感与愉悦感是典型特征。因此，测量不同活动领域的心流体验需要重新编制或修订相应的心流量表，使量表的条目与活动感受高度吻合，提高测量的可信度。

已有研究多数采用问卷法、心理体验抽样法，极少数研究采用实验法。基于问卷法的研究通常是做相关分析或结构方程，难以揭示心流体验与其他变量间的因果关系，而实验法可以揭示变量间可能存在的因果关系。但是，已有的关于心流体验的实验研究往往是在心流理论的指导下，设计符合理论预期的理想实验条件，研究结果通常会支持心流理论，缺乏在自然条件下设计实验来检验心流理论的研究。

二、问题提出

已有研究发现，在运动、音乐、绘画、工作、休闲、阅读、做饭等各个领域，参与者都能获得心流体验，这里的参与者主要是运动员、大学生、青少年、工作人员，因此学者们普遍认为每个人都能获得心流体验。然而，心流理论提出心流体验的对立面是焦虑，心流是一种内在和谐有序的状态，而焦虑是一种内在混乱失序的状态。焦虑会抑制或阻止心流体验的出现，这意味着处于高焦虑水平的个体较难获得心流体验。由于焦虑个体经常处于较高的焦虑水平且焦虑水平相对稳定，因此本书选取特质焦虑个体为研究对象，根据特质焦虑得分将其分为高特质焦虑个体和低特质焦虑个体。高特质焦虑个体对威胁刺激、负面情绪存在注意偏向，容易关注与自我有关的负面信息，使其注意力不集中，不利于进入心流状态。那么，高特质焦虑个体到底有没有心流体验？高、低特质焦虑个体的心流体验有什么特点？

心流三通道修正模型的核心观点之一是"挑战与技能平衡是心流的前提"，但是已有研究关于挑战与技能在什么关系下能使心流体验最高是有争议的。有研究发现挑战与技能平衡时引发的心流体验最高[62]，还有研究发现挑战与技能不平衡时引发的心流体验最高，如动态的挑战高于技能的游戏任务引发的心流体验最高[145]，个体的技能超过任务挑战水平时心流体验更高[136, 144]。显然，采用元分析方法从宏观上分析挑战与技能关系对心流体验有何影响是有必要的。心流理论的核心观点是"挑战与技能平衡时引发心流体验"，却不能解释"挑战与技能不平衡时出现心流体验"这一现象。对此，有学者提出，当个体认为活动任务不重要或者不会引起严重后果时，挑战与技能达到平衡才能引发心流体验；当个体认为任务很重要或后果很严重时，只有其技能超过挑战才能获得心流体验，因为个体要想在重要的活动任务上取得成功，只有让技能高于挑战才能保证顺利完成任务，对任务有掌控感，心流体验才更有可能发生，否则个体会受到潜在失败的威胁，阻碍心流体验的发生[38]。这进一步说明挑战与技能平衡和挑战与技能不平衡这两种条件下都有可能出现心流体验，挑战与技能平衡不是引发心流的唯一条件。现有的心流理论仅能解释挑战与技能平衡时出现心流体验，解释范围很有限。那么，我们能否对现有心流理论进行修正，提出解释力更强的理论模型呢？此外，焦虑水平高的个体普遍存在避免失败的倾向，中等难度任务会使其更焦虑，主观体验很糟糕。那么，特质焦虑个体从事哪种挑战与技能关系的任务时心流体验最高呢？

在心流体验的前提条件方面，挑战与技能平衡、明确的目标、及时的反馈这三个条件本质上都促进了注意力的集中，有助于心流体验的出现。挑战与技能平衡时，个体只要认真对待当前的任务就能顺利完成，体验到对活动任务的掌控感和完成挑战的胜利感，这会激发个体把注意力充分地投入当前活动中，使自己的行动与意识高度一致，促进心流体验的出现。然而，当挑战低于技能时，个体会觉得活动任务无聊，参与活动的积极性不高，容易走神；挑战高于技能时，个体的注意资源不足，难以完成任务，会产生焦虑感，甚至担心完不成任务可能带来的后果。这两种情况都会导致个体注意力不集中，干扰心流体验的出现。可见，"挑战与技能平衡是心流体验的前提条件"实际上取决于注意力的集中，注意力能集中就容易引发心流体验。明确的目标能使个体精准地识别与活动任务相关的刺激，避免注意力分散在其他无关刺激上，能够集中精力完成活动任务，有利于引发心流体验。及时的反馈能使个体的注意力与当前活动保持同步，把注意资源充分地用于手头的任务，长时间保持专注，更容易进入心流状态。对这三个条件的分析，启发我们可以尝试站在注意力这一更高的维度去探索引发心流体验的根本原因。

契克森米哈赖提出"专注是心流体验的前提"[12]。当个体的注意力完全投入当前的挑战性活动时，个体就无暇顾及自我感受，自我意识消失，行动和意识融合在一起，达到一种和谐有序的意识状态[15]，心流体验就是通过个体将注意力集中在手头任务上而发生的[146]。换句话说，个体需要把注意力集中在当前的活动任务上，然后才会出现心流体验。

"专注是心流体验的前提"中，专注是指个体有目的地把注意力集中在活动任务上，不是指进入心流后的专注状态。这些观点能够从理论层面支持注意力是引发心流的前提，但是缺乏相关的实证研究支持。因此，我们可以从实证研究的角度探究注意力对特质焦虑个体的心流体验有何影响，探究注意力是不是引发心流体验的心理机制。

在心流三通道修正模型中，心流体验是变化的，经历了心流—非心流—再次心流的变化过程，而且随着技能水平和挑战水平的提高，心流体验从对角线的低端上升到高端，心流水平越来越高。再次进入心流有两种情况：一是心流发生短暂的变化后回到了原来的心流水平；二是心流发生了持久的变化，达到了更高的水平。这与"幸福感的稳态与跃迁"模型的思维相似，心流在变化后回到原来的水平，说明心流既有稳定性，又有变化性，能保持动态平衡，是一种稳态；心流达到更高水平，说明心流发生了稳态应激，跃升到了新稳态。心流三通道修正模型本质上体现了心流体验的稳定性与变化性（短暂的、持久的）的特点，其中持久的变化表现为跃升，终极目标是达到平衡。那么，特质焦虑个体的心流体验是否具有稳定性与变化性的特点？是否能跃升到更高水平呢？如果注意力是引发心流体验的心理机制，那么通过提高特质焦虑个体的注意力水平，能否使心流体验实现跃升呢？进一步讲，如果这些问题通过实证研究得到了验证，我们就可以在此基础上提出心流体验的稳态与跃迁模型。

第二节　本书的主要内容

本书以特质焦虑个体为研究对象，以心流三通道修正模型为理论指导，通过四个研究对特质焦虑个体心流体验的特点与心理机制展开研究。

心流理论建立在挑战与技能平衡的基础之上，认为挑战与技能平衡是心流的前提。但是已有的研究发现，挑战与技能不平衡时的心流体验更高，这个观点是有争议的，需要通过元分析来澄清争议。挑战与技能的关系可以通过注意力来解释：挑战与技能平衡时，个体的注意力集中，促进心流体验的出现。这启发我们可以尝试从注意力这一更高的维度去探索引发心流体验的心理机制，挑战与技能平衡只是引发心流体验的外部条件，是一种客观现象，我们需要探索引发心流体验的心理因素。有学者认为专注是心流的前提[10]，这句话中的"专注"对应的英语单词是"concentration"，应该准确地翻译为"注意力集中"，是一种需要努力集中注意力的动作，不是专注的状态。个体在活动中需要先集中注意力，然后才能进入专注的心流状态，注意力集中是心流体验的促进因素，理论上讲，注意力集中是心流的前提是成立的，但是缺乏相关实证研究的支持。因此，尝试通过元分析比较挑战与技能平衡、专注与心流体验关系的密切程度，来间接地为"注意力集中是心流的前提"提供依据。如果专注和心流体验的相关系数与挑战与技能平衡和心流体验的相关系数比较接近，或者专注与心流体验的相关系数更高，那么高相关的背后可能存在与专注和心流体验相关的某种因果关系，进而推测，注意力集中可能是心流体验的前提。研究一从宏观层面对心流体验的前提做了回顾与归纳，从现实中发现了有价值的问题，注意力可能是比挑战与技能平衡更为关键的引发心流体验的深层原因。

研究二在研究一的基础上，从实证研究的角度考察引发心流体验的前提条件，探究挑战与技能关系和注意力对特质焦虑个体心流体验的影响，试图证明注意力集中是引发心流体验的关键原因。挑战与技能关系是影响心流体验的客观因素，注意力和特质焦虑是影响心流体验的主观因素，二者都会引起心流体验发生变化；同时，特质焦虑是一种相对稳定的人格特质，可能导致心流体验持续偏低，使心流体验表现出稳定性，这为研究三奠定了基础。另外，心流三通道修正模型中心流体验是变化的，经历了心流—非心流—再次心流的变化过程，而且随着技能水平和挑战水平的提高，心流体验从对角线的低端上升到高端，心流水平越来越高。再次进入心流有两种情况：一是心流发生短暂的变化后，回到了原来的心流水平；二是心流发生了持久的变化，达到了更高的水平。这与幸福感的稳态与跃迁模型的思维相似，心流作为一种稳态，也是既有稳定性又有适度的变化性的。因此，研究三考察特质焦虑个体的心流体验是否具有稳定性与变化性特点。

在心流三通道修正模型中，变化性包括短暂的变化和持久的变化，其中持久的变化表现为跃升。因此，研究四进一步考察特质焦虑个体的心流体验是否会发生持久变化，跃升到更高的水平。研究二验证了注意力是引发心流的关键原因，正念训练的本质是一种注意力训练，因此研究四在此基础上，采用注意力训练（正念训练）来提升特质焦虑个体的心流体验，在实践中进一步检验引发心流体验的心理机制。

本书整体的研究思路是从回顾归纳，发现现实中的问题，到通过因果确认来理解现实，再到干预实践，使研究结果走向现实，逻辑结构如下（图 2-1）。

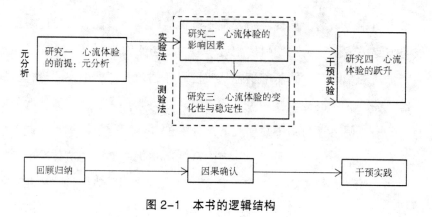

图 2-1　本书的逻辑结构

本书研究的主要内容如下（见图 2-2）。

研究一　心流体验的前提：元分析研究

元分析 1：挑战与技能关系对心流体验影响的元分析。探索挑战与技能在什么条件下引发的心流体验最高。

元分析 2：挑战与技能平衡、专注和心流体验关系的元分析。比较挑战与技能平衡、专注分别和心流体验的相关程度，为探索注意力对心流体验的影响奠定基础。

研究二　心流体验的影响因素

预实验：实验任务的选择与评定。被试对 6 项游戏任务的感知挑战和感知技能水平的匹配程度进行主观评定，选出挑战低于技能、挑战与技能平衡、挑战高于技能的三项任务。

子研究 1：挑战与技能关系对特质焦虑个体心流体验的影响。采用混合实验设计探讨挑战与技能关系、特质焦虑水平对特质焦虑个体心流体验的影响，并从注意力的视角进行解释。

子研究 2：注意力对特质焦虑个体心流体验的影响。从注意力集中水平、注意焦点两个方面设计实验，探究特质焦虑个体心流体验的特点及影响因素。然后考察注意力集中在特质焦虑与心流体验关系间的调节作用，揭示心流体验的心理机制。

研究三 心流体验的变化性与稳定性

子研究 3：心流体验的变化性。用心理体验抽样法调查特质焦虑个体连续 21 天的在线学习心流体验，了解心流体验的动态变化特点。

子研究 4：心流体验的跨情境一致性。通过完成学习任务与游戏任务来引发心流体验，了解不同情境中心流体验的相关性。

子研究 5：心流体验的跨时间稳定性。考察特质焦虑个体间隔半年完成相同任务引发的心流体验的相关性，并通过交叉滞后研究探索特质焦虑与心流体验之间的相互作用。研究三可检验心流体验是不是一种稳态。

研究四 心流体验的跃升

子研究 6：正念训练提升特质焦虑个体心流体验的干预研究。在子研究 2 的基础上开展纵向研究，采用正念训练提升特质焦虑个体的注意力集中水平，检验其心流体验是否也能提升到更高的水平，干预效果是否持久，如果正念训练能使心流体验上升到更高水平且稳定保持，说明心流体验形成了新稳态。

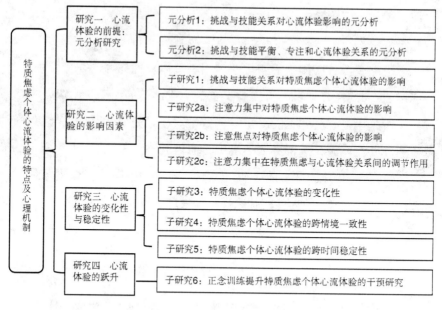

图 2-2　研究的主要内容

第三节　研究意义

一、理论意义

本书从对心流的描述性研究转向对心流的解释，基于挑战与技能关系对心流体验的影响，对心流理论三通道修正模型做了改进，使该理论的解释力更强。本书不仅从注意力的视角解释了挑战与技能关系对心流体验的影响，还探究了注意力对心流体验的影响，为"专注是心流的前提"这一观点提供了实证依据，揭示了注意力集中是引发心流体验的心理机制。本书基于心流体验的稳定性与变化性以及心流体验的跃升，提出了心流体验的稳态与跃迁模型，为心流研究提供了一个新的解释框架。从积极心理学的视角来看，心流体验作为积极心理学的重要内容之一，可以通过操纵或干预使人们体验到更高频率或更强的心流，获得更强的幸福感，实现积极心理学帮助人们增强优势、发挥潜力的目标，本书丰富了积极心理学的理论研究。

二、实践意义

在实践方面，本书为人们获得出色的表现提供了新的实现路径，如在比赛或考试中，个体要把注意力集中在手头的活动任务上，专注于当下，享受活动过程本身，不要去考虑结果，分散自己的注意力，个体就容易进入心流状态，进而发挥最佳水平，取得优异的成绩。本书为特质焦虑个体的心理辅导提供了指导依据，人们可以通过正念训练降低焦虑水平，提高心流体验。本书为提升人们的幸福感提供了可行的策略，也为积极心理学的应用研究提供了新路径。本书以现实生活中人们用游戏机打游戏和学习英语单词引发的心流体验为研究内容，研究结果更贴近实际情况，有助于将研究成果推广到教育游戏的开发与应用中。

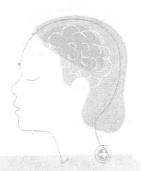

第三章　心流体验的前提：元分析研究（研究一）

第一节 挑战与技能关系对心流体验影响的元分析（元分析1）

一、概述

心流体验的前提条件包括：挑战与技能平衡，即个体对任务的感知挑战与自己的技能相匹配；明确的目标，即个体清楚自己的任务目标；及时的反馈，即为个体提供他们做得如何以及达到任务目标的程度方面的反馈[147]。其中，通过挑战与技能平衡来引发心流体验已成为研究的热点。心流理论的三通道模型、四通道模型以及八通道模型都是基于任务挑战水平与个体技能水平在不同组合情况下引发的主观体验有所不同而提出的，三通道模型主张挑战与技能平衡带来心流体验，四通道模型和八通道模型则主张高挑战和高技能才会引发心流，高挑战和高技能是挑战与技能平衡的一种呈现方式。

挑战与技能平衡时，个体会出现心流体验（也称为最佳体验），这种感受具有很强的奖励作用，个体会为了再次体验这种感受而致力于活动任务中，不需要外部奖励。学者们也普遍认为挑战与技能平衡是引发心流体验的重要前提，如有研究认为挑战与技能平衡是心流体验出现的一个关键的因果因素[36,62,148]，也有研究认为挑战与技能平衡是心流体验的显著预测因素[125,149]。Keller 和 Bless 还发现，个体在挑战与技能平衡条件下比对照组（高挑战、低挑战）拥有更多的积极体验，也有更好的表现[62]。Csikszentmihalyi 和 Nakamura 进一步提出，挑战与技能的比例应该在 50∶50 左右，个体才能获得最佳体验，即使是轻微的不平衡也会引起焦虑或不愉快[150]。Bonaiuto 等人研究发现，在高挑战和高技能条件下个体的心流体验远高于其他三种条件下的心流体验[151]。

然而，以上观点也存在争议。有研究结果表明，挑战与技能平衡并不是心流体验的显著预测因子[152]，挑战与技能不平衡比挑战与技能平衡更能预测心流体验[153]。也就是说，挑战与技能之间不平衡会产生更高水平的心流体验，具体表现在以下两个方面。

第一，挑战高于技能时个体的心流体验更高。一项针对互联网国际象棋游戏的研究显示，当对手的国际象棋等级比自己的等级高时，玩家与高手过招时感受到的心流体验更高，即挑战高于技能时心流体验更高[75]，更令人享受比赛。有研究以电脑游戏作为实验任务，发现动态的挑战高于技能的游戏任务，要比固定的挑战与技能平衡的任务引发的心流体验更高[145]。Engeser 和 Rheinberg 发现，有些人在从事具有挑战性的活动时能更频繁地获得心流体验[38]。这些结果都不支持心流理论的三种理论模型，却证明挑战高于技能（焦虑通道）时引发了更高的心流体验。

第二，挑战低于技能时个体有更多的心流体验。有研究发现，参与者在学习统计学或外语时，他们的技能比所面临的挑战高得多时心流体验最强[38]。在学习活动中，低难度的任务引发的心流最高[154]。一项关于俄罗斯方块游戏的研究发现，技能水平高的个体进入心流状态的比例更高[136]。有学者发现，对于高技能参与者来说，高挑战略低于高技能时，快乐和幸福会达到顶峰，那些认为挑战低于其技能的参与者获得的幸福和快乐，要高于那些认为挑战与技能都很高且二者处于平衡状态的参与者[155]。这些研究结果也不支持心流理论的三种理论模型，而是发现挑战低于技能（无聊通道）时引发了更高的心流。

有趣的是，这两种观点之间也存在争议，到底是挑战高于技能时心流体验更高，还是挑战低于技能时心流体验更高？除此之外，还有研究发现，相对具有挑战性的任务并不比容易的任务带来的心流更多，两种情况下的心流差异不显著[157-158]。总而言之，"挑战与技能不平衡时心流体验更高"这一观点也面临内部分歧。

显然，挑战与技能在三种组合条件下都可能引发心流，挑战与技能平衡并不是唯一条件。针对以上分歧，我们可以采用元分析的方法，对已有的多项研究结果进行整合分析，更加全面地了解挑战与技能关系对心流体验有何影响。综合已有研究发现，挑战与技能关系和心流体验之间不仅仅是简单的因果关系和相关关系，还存在调节变量的作用。因此，我们有必要探讨挑战与技能关系和心流体验之间的潜在变量及作用程度。

需要强调的是，目前已有一项关于挑战与技能平衡和心流体验关系的元分析研究对挑战与技能平衡和心流体验的相关系数做了系统评价，发现二者的相关系数达到中等效果量[161]。然而，这项元分析结果不能作为挑战与技能关系和心流体验之间因果关系的证据，无法知晓挑战与技能平衡或不平衡对心流体验的影响程度大小，也无法澄清挑战与技能关系的三种形式之间的争议。故本书运用元分析方法探索挑战与技能关系对心流体验的影响程度，并探讨被试群体、研究领域、测量工具的调节作用，为增强个体的心流体验提供指导。

在被试群体方面，有研究发现在去往某个地方的交通过程中，与年轻人相比，年长者更加警觉、友好，更少出现无聊，他们能够接受和享受这个过程[159]。还有研究发现，在不同的户外活动空间里，儿童出现心流状态的比例最高，其次是青少年，中老年人出现心流体验的比例较低[160]。一项研究对挑战与技能平衡和心流体验的相关性做了元分析，结果发现年轻参与者的相关性达到中等效果量，年长者的相关性达到大效果量，在固定效应模型下，二者差异显著，在随机效应模型下，二者的差异不显著[161]。因此，我们推测挑战与技能组合情况和心流体验之间的关系可能与被试群体的年龄段有关。

在活动领域方面，心流体验在不同的活动中存在差异，说明心流体验的特征不是严格地重复出现，而是可能与活动本身的特征有关，在不同的活动中心流体验各维度的得分存在差异[162-163]，即心流体验会受到活动类型的影响。心流模型可能更适用于成就起主导作用的社会情境和活动，而不是社会互动类的活动[125]。已有研究发现成年人生活中绝大多数的心流体验来自工作，而不是休闲活动，尽管他们在休闲时很放松[59,162,164]。有学者认为，教室是学生大量参与强制性活动的场所，心流理论在教室这个场所的应用会受到限制。其研究结果发现，学生在个人自主学习和小组合作时经常感受到参与、专注、愉悦，这些是类似心流体验的心理状态，而在听课、考试、听讲座、背诵中以上几种积极体验较弱或者没有[158]。与参加传统的课堂讲授学习的学生相比，参加教学活动的学生经历了更多的心流体验[165]。一项针对青少年的大规模调查发现，青少年的学业普遍处于焦虑象限，社交和饮食处于放松象限，被动休闲和杂务处于冷漠象限，结构化的休闲活动、学习和工作处于心流象限[166]，显然不同的活动给个体带来的主观体验是有差异的，有些活动更容易使个体产生心流体验。此外，在体育、音乐、舞蹈、攀岩、电脑游戏、下棋等活动领域，均有学者探索了挑战与技能匹配情况和心流体验的关系，发现活动本身的特点会影响个体的心流体验。因此，我们推测不同活动领域可能是挑战与技能关系和心流体验之间的调节变量。

在测量工具方面，由于心流体验的定义有很多种，学者们对心流状态所描述的侧重点不同，因此心流体验的测量工具也是五花八门，缺乏统一的评价标准，导致心流体验的测量工具存在以下问题。一是心流体验测量工具类型的不统一，如 Jackson 和 Marsh 于 1996 年编制的 Flow

State Scale（FSS）[55] 以及 Rheinberg 等人于 2003 年编制的 Flow Short Scale（FSS）[56] 可用来测量被试群体的状态心流，而 Jackson 等人于 1998 年编制的 Flow Trait Scale（FTS）[16] 以及 Jackson 和 Eklund 于 2002 年编制的 Dispositional Flow Scale-2（DFS-2）[57] 可用来测量被试群体的特质心流，显然，心流测量工具的类型存在差异；二是心流体验测量工具的测量维度不统一，有的可以测量两个维度（如 Rheinberg 和 Vollmeyer 于 2003 年编制的 DFS-2 可以测量行为表现流畅性和专注性 [167]），有的可以测量三个维度（如 Nakamura 和 Csikszentmihalyi 于 2009 年编制的心流自陈量表可以测量参与、享受、专注三个维度 [147]），有的可以测量九个维度（如 Jackson 和 Marsh 编制的 FSS 可以测量心流的九个特征 [51]）。由于不同的测量工具维度取向不同，量表总分和计分标准不同，其研究结果也不能直接进行比较。因此，我们假设挑战与技能关系对心流体验的影响会受到测量工具的调节。

二、研究方法

（一）文献检索与筛选

本元分析从中国知网、万方数据、读秀、PubMed、Springer Link、PsycArticles、Science Citation Index、Worldlib、EBSCOhost、WILEY 等数据库中进行检索，通过参考文献进行检索以查漏补缺。使用的检索词包括两类：一是心流体验类，包括心流、流畅体验、流畅状态、沉浸、最优体验、福流、flow experience、flow state、optimal experience；二是挑战与技能关系类，包括挑战与技能、任务难度、目标难度、challenge-skill、task difficulty。检索过程需要搜索"主题词""篇名""关键词""摘要"同时包含以上两类检索词的文献，并排除 cash flow、optic flow、blood flow 以减少无关文献的数量。文献检索时间截至 2021 年 10 月 10 日。

文献纳入和排除标准：第一，必须是关于挑战与技能关系和心流体验的实验研究，排除纯理论或综述类文献、相关性研究、结构方程与回归分析类研究；第二，研究要包含挑战与技能之间的关系、心流体验的测量工具和样本量大小，而且数据要完整，能够提取或计算效果量；第三，仅检索语言为中文、英文的文献；第四，若学位论文发表在期刊上，以期刊论文为准。

本元分析共检索到 6 729 篇文献（中文 1 148 篇，英文 5 581 篇），经过筛选最终纳入 17 篇有效文献，包括 3 篇中文文献，14 篇英文文献，共 28 个独立效果量。

（二）文献编码

本元分析将纳入的 17 篇文献进行编码（表 3-1），包括文献信息（作者及年份）、被试群体、研究领域、测量工具、效果量。每个独立样本编码一个效果量，一篇文献拥有多个独立样本的分别编码。本书由两位编码者单独编码，对编码不一致的文献进行探讨，达成共识后确定最终编码。

表 3-1　纳入元分析的文献基本资料

作者及年份	被试群体	研究领域	测量工具	d
叶金辉，2013	青少年	学习	学习沉浸体验问卷	0.30
田雨，2016	青少年	游戏	Flow Short Scale	0.78
李成龙，2015[156]	青少年	学习	学习沉浸体验问卷	0.68
Schüler，2007[168]	青少年	学习	Flow Short Scale	0.27

续　表

作者及年份	被试群体	研究领域	测量工具	d
Keller & Bless, 2008 a	青少年	游戏	Involvement and Enjoyment Scale	0.51
Keller & Bless, 2008 b	青少年	游戏	Involvement and Enjoyment Scale	0.35
Keller et al, 2011 a[169]	青少年	游戏	Flow State Scale	1.43
Keller et al, 2011 b	青少年	游戏	Flow State Scale	0.43
Konradt et al, 2003[170]	青少年	学习	Experience Quality Scale	0.46
Schiefele & Raabe, 2011	青少年	智力类任务	4-item Flow Scale	0.61
Rankin et al, 2019	青少年	游戏	Flow Short Scale	0.59
Wang & Hsu, 2014 a[171]	青少年	学习	单维度心流体验测量	0.95
Wang & Hsu, 2014 b	青少年	学习	单维度心流体验测量	0.45
Wang & Hsu, 2014 c	青少年	学习	单维度心流体验测量	0.41
Wang & Hsu, 2014 d	青少年	学习	单维度心流体验测量	0.80
Wang & Hsu, 2014 e	青少年	学习	单维度心流体验测量	−0.23
Wang & Hsu, 2014 f	青少年	学习	单维度心流体验测量	1.74
Keller et al, 2011 a[172]	青少年	游戏	Involvement and Enjoyment Scale	0.40
Keller et al, 2011 b	青少年	智力类任务	Involvement and Enjoyment Scale	0.78
Baumann et al, 2016 a	青少年	游戏	Flow Short Scale	0.58

续　表

作者及年份	被试群体	研究领域	测量工具	d
Baumann et al, 2016 b	青少年	游戏	Flow Short Scale	0.52
Bonaiuto et al, 2016 a	成人	场所认同	Eight-item Flow Scale	0.86
Bonaiuto et al, 2016 b	成人	场所认同	Eight-item Flow Scale	0.47
Larche & Dixon, 2020	青少年	游戏	Game Experience Questionnaire	0.27
Løvoll et al, 2012 a	青少年	体育运动	Flow State Scale-2	−0.06
Løvoll et al, 2012 b	青少年	体育运动	Flow State Scale-2	−0.55
Ko & Ji, 2018	成人	游戏	Flow Short Scale	1.89
Tozman et al, 2015	青少年	游戏	Flow Short Scale	1.59

注：d 为挑战与技能关系对心流体验影响的效果量。

（三）数据处理与分析

本书选用 JASP 0.16 软件进行元分析，使用标准化均方差 d 作为效果量，从文献中提取均值、标准差、样本量、t 值、F 值、χ^2 值，用软件计算效果量。效果量评价采用 Cohen 的建议，d 值的绝对值为 0.2 属于小效果量，0.5 属于中等效果量，0.8 属于大效果量 [173]。

干预效果的元分析研究通常用实验组和对照组的得分计算标准化均方差，得到每个研究的效果量，各项研究的效果量合并后得到干预实验的总效果量。我们借用这种原理，对挑战与技能在不同组合条件下对心流体验的影响效果做元分析，包括四种情况：一是挑战与技能平衡和挑战与技能不平衡的比较，挑战与技能不平衡组是通过挑战高于技能组和挑战低于技能组合并得到的；二是挑战与技能平衡和挑战低于技能的比较；三是挑战与技能平衡和挑战高于技能的比较；四是挑战低于技能与挑战高于技能的比较。

三、研究结果

（一）发表偏倚检验

由于已发表的研究、容易得到的研究、免费的或花费少的研究更容易被纳入元分析研究中，这可能导致发表偏倚。因此，在尽可能全面搜索文献的前提下，我们还需要使用漏斗图、Begg 秩相关检验法、回归截距法（Egger 检验）、失安全系数（Fail-safe Number, N_{fs}）等方法进行发表偏倚检验。漏斗图的理论假设是效果量的精度随着样本量的增加而增加，样本量小的研究精度低，散点分布在漏斗图底部且比较分散；样本量大的研究精度高，散点分布在漏斗图顶部且向中间集中；如果不存在偏倚，散点分布成一个倒置漏斗形[174]。秩相关检验结果中，若 $Z<1.96$，$p>0.05$，则表示没有报告偏倚。回归截距法得到截距接近 0 且 $p>0.05$ 时，发表偏倚可能较低。失安全系数 N_{fs} 越大发表偏倚的可能性就越小，当 N_{fs} 小于 $5k+10$ 时，要警惕发表偏倚的影响。

本书将采用漏斗图、Begg 秩相关检验法、回归截距法和失安全系数法四种方法进行发表偏倚检验。漏斗图结果（图 3-1）表明，散点大部分集中在顶部中间位置，少数分散在底部，偏倚不明显。秩相关检验的结果为 $z=0.12$，$p=0.37$，表明没有报告偏倚。Egger 检验的截距为 1.45，$p=0.14$，表明存在偏倚的可能性很低。失安全系数为 2 799，远大于 150（$k=28$）。四种检验结果是一致的，都表明本元分析结果的可靠性好，结论受发表偏倚影响的可能性小。

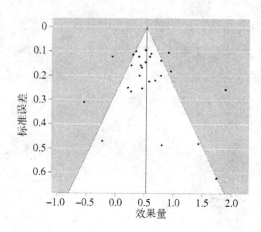

图 3-1　挑战与技能关系对心流体验影响的发表偏倚漏斗图

挑战与技能关系在四种比较条件下对心流体验影响的发表偏倚检验采用 Begg 秩相关检验、Egger 检验、失安全系数三种方法，结果如表 3-2 所示。Begg 秩相关检验的 p 值均大于 0.05，表示没有报告偏倚；Egger 检验的 p 值均大于 0.05，也表示存在报告偏倚的可能性极小。挑战低于技能与挑战高于技能两种条件下的心流体验均差接近于 0，不满足计算 N_{fs} 的假设，不宜使用失安全系数法[175]。其他三种情况下的 N_{fs} 依次为 1 611、974、723，均大于 $5k+10$（k 依次为 120、95、105），表明存在发表偏倚的可能性极小。可见，挑战与技能关系在四种比较条件下对心流体验的影响结果都是稳定可靠的，被推翻的可能性小。

表 3-2　挑战与技能不同组合条件下对心流体验影响的发表偏倚检验

组合条件	k	N_{fs}	Begg 秩相关检验		Egger 检验	
			z	p	z	p
挑战与技能关系	28	2 799	0.12	0.37	1.45	0.14
挑战与技能平衡 vs 挑战与技能不平衡	22	1 611	0.02	0.88	0.68	0.49

续　表

组合条件	k	N_{fs}	Begg 秩相关检验		Egger 检验	
			z	p	z	p
挑战与技能平衡 vs 挑战低于技能	17	974	0.19	0.28	1.00	0.32
挑战与技能平衡 vs 挑战高于技能	19	723	-0.02	0.92	0.81	0.42
挑战低于技能 vs 挑战高于技能	16	—	-0.26	0.17	-1.31	0.19

（二）模型选定与异质性检验

元分析可使用固定效应模型和随机效应模型两种计算模型。固定效应模型假设各项研究的效应尺度是相同的，研究间的差异是由抽样误差所致，各研究计算权重时，给小样本一个小权重，很大程度上忽略了小样本的信息，从大样本中获得更好的关于相同效果量的信息。随机效应模型是估计效果量分布的均值，保证所有研究的效果量在合并效应中都能体现，它与固定效应模型计算权重的逻辑不同，如果纳入的研究在样本特征、实验方法、测量工具等方面存在不同时，选择随机效应模型较为合理。我们可以通过异质性检验验证模型选择的合理性，常用的异质性检验方法有 Q 统计量、H 统计量、I^2 统计量。Q 统计量的本质为卡方检验，$p<0.05$ 表明异质；H 统计量中，$H>1.5$ 表明研究间存在异质性；I^2 统计量中，当 $I^2 \geq 50\%$ 时，提示存在实质性的异质性。这三种情况都表明选择随机效应模型是合理的。

本书的异质性检验结果如下（表3-3）：I^2 均大于50%，表示研究间存在异质性；H 值均大于1.5，表明研究间存在异质性；前四种条件的 Q 值均显著，也表明存在异质性。由于 Q 统计量受纳入研究数量的影响大且没有考虑研究质量的作用，F 统计量对其做了修正，侧重于研究效应间的差异大小，检验结果更稳健可靠，因此我们优先考虑 F 值作为异质性检验的依据，认为挑战低于技能与挑战高于技能相比的各项研究间存在异质性。据此，本书采用随机效应模型，挑战与技能关系对心流的作用可能受到调节变量的影响。

表 3-3　挑战与技能不同组合条件下对心流体验影响的异质性检验

组合条件	k	Q	I^2	H
挑战与技能关系	28	123.77***	84.44%	2.53
挑战与技能平衡 vs 挑战与技能不平衡	22	25.62***	88.29%	2.92
挑战与技能平衡 vs 挑战低于技能	17	10.25***	94.56%	4.28
挑战与技能平衡 vs 挑战高于技能	19	12.08***	89.07%	3.02
挑战低于技能 vs 挑战高于技能	16	1.47	83.41%	2.45

注：*** 为 $p < 0.001$。

（三）挑战与技能不同组合条件下心流体验的效果量

挑战与技能不同组合条件下心流体验的效果量如表 3-4 所示。其中，挑战与技能关系对心流体验产生显著的影响，效果量（$d=0.57$，$p<0.001$）达到中等效果量；挑战与技能平衡时引发的心流显著高于挑战与技能不平衡时的心流，效果量（$d=0.48$，$p<0.001$）为中等效果量；挑战与技能平衡时引发的心流显著高于挑战低于技能时的心流，效果量（$d=0.57$，$p<0.001$）为中等效果量；挑战与技能平衡时引发的心流显著优于挑战高于技能时的心流，效果量（$d=0.43$，$p<0.001$）为中等效果量；而挑战低于技能时的心流与挑战高于技能时的心流差异不显著（$d=-0.13$，$p>0.05$）。

表3-4　挑战与技能不同组合条件下心流体验的效果量

组合条件	k	n	d	LL	UL
挑战与技能关系	28	2 891	0.57***	0.41	0.73
挑战与技能平衡 vs 挑战与技能不平衡	21	2 242	0.48***	0.29	0.68
挑战与技能平衡 vs 挑战低于技能	17	1 607	0.57***	0.22	0.92
挑战与技能平衡 vs 挑战高于技能	19	1 668	0.43***	0.18	0.68
挑战低于技能 vs 挑战高于技能	16	1 625	-0.13	-0.33	0.08

注：*** 为 $p < 0.001$。

（四）挑战与技能不同组合条件与心流之间的调节作用

表3-4前四种条件下心流体验的效果量都达到了中等效果量，而且异质性检验结果都表明研究间的异质性较高，可能存在调节变量。因此，我们通过亚组检验探究被试群体、研究领域、测量工具在挑战与技能不同组合条件下与心流体验之间的调节作用。

表3-5结果显示，被试群体显著调节挑战与技能关系对心流体验的影响（$Q_b = 4.96$，$p < 0.05$），成人比青少年的心流体验更强。

表3-5　被试群体对挑战与技能不同组合条件与心流体验关系的调节作用

挑战与技能不同组合条件	被试群体	k	d	LL	UL	Q_b
挑战与技能关系	青少年	25	0.50	0.34	0.66	4.96*
	成人	3	1.01	0.59	1.43	
挑战与技能平衡 vs 挑战与技能不平衡	青少年	20	0.52	0.30	0.74	0.03
	成人	2	0.57	-0.06	1.21	

续　表

挑战与技能不同组合条件	被试群体	k	d	LL	UL	Q_b
挑战与技能平衡 vs 挑战低于技能	青少年	15	0.56	0.17	0.95	0.01
	成人	2	0.62	-0.39	1.65	
挑战与技能平衡 vs 挑战高于技能	青少年	17	0.43	0.16	0.70	0.02
	成人	2	0.49	-0.24	1.22	
挑战低于技能 vs 挑战高于技能	青少年	15	-0.06	-0.28	0.17	1.95
	成人	3	-0.42	-0.87	0.04	

注：* 为 $p < 0.05$。

表 3-6 结果显示，研究领域显著调节挑战与技能关系（Q_b=9.87，$p < 0.05$）、挑战与技能平衡和挑战与技能不平衡（Q_b=20.43，$p < 0.001$）、挑战与技能平衡和挑战低于技能（Q_b=14.73，$p < 0.001$）对心流的影响。从整体来看，智力类任务、游戏、学习、体育运动引发的心流体验比较强。

表 3-6　研究领域对挑战与技能不同组合条件与心流体验关系的调节作用

调节变量	k	d	LL	UL	Q_b
挑战与技能关系					
体育运动	2	-0.24	-0.79	0.30	
学习	10	0.52	0.26	0.79	
智力类任务	2	0.69	0.20	1.18	9.87*
游戏	12	0.66	0.44	0.88	
场所认同	2	0.70	0.22	1.19	

调节变量	k	d	LL	UL	Q_b
挑战与技能平衡 vs 挑战与技能不平衡					
体育运动	2	-0.56	-1.06	-0.07	
场所认同	2	0.57	0.19	0.99	
学习	6	0.58	0.25	0.91	20.43***
智力类任务	3	0.60	0.24	0.96	
游戏	9	0.66	0.44	0.88	
挑战与技能平衡 vs 挑战低于技能					
体育运动	2	-0.88	-1.67	-0.11	
场所认同	2	0.62	-0.10	1.35	14.73***
智力类任务	3	0.83	0.23	1.44	
游戏	9	0.72	0.35	1.09	
挑战与技能平衡 vs 挑战高于技能					
体育运动	2	-0.06	-0.88	0.76	
场所认同	2	0.49	-0.27	1.24	1.52
智力类任务	3	0.48	-0.15	1.10	
游戏	11	0.48	0.14	0.83	
挑战低于技能 vs 挑战高于技能					
智力类任务	3	-0.30	-0.74	0.14	
游戏	10	-0.13	-0.39	0.13	0.43
场所认同	2	-0.18	-0.70	0.33	

注：* 为 $p < 0.05$，*** 为 $p < 0.001$。

表 3-7 结果显示，测量工具对挑战与技能不同组合条件与心流体验的关系没有调节作用。

表 3-7　测量工具对挑战与技能不同组合条件与心流体验关系的调节作用

调节变量	k	d	LL	UL	Q_b
挑战与技能关系					
Flow Short Scale	7	0.82	0.45	1.18	
Flow State Scale	4	0.20	-0.29	0.71	
Eight-item Flow Scale	2	0.71	0.09	1.33	4.02
Envolvement and Enjoyment	4	0.51	0.06	0.95	
单维度心流体验测量	7	0.62	0.18	1.06	
挑战与技能平衡 vs 挑战与技能不平衡					
Flow Short Scale	3	0.83	0.31	1.34	
Flow State Scale	4	0.08	-0.38	0.55	
Eight-item Flow Scale	2	0.57	0.04	1.15	6.19
Envolvement and Enjoyment	4	0.78	0.36	1.19	
单维度心流体验测量	8	0.50	0.16	0.84	
挑战与技能平衡 vs 挑战低于技能					
Flow Short Scale	4	1.00	0.27	1.73	
Flow State Scale	4	-0.07	-0.81	0.66	
Eight-item Flow Scale	2	0.62	-0.34	1.59	5.32
Envolvement and Enjoyment	4	0.91	0.22	1.60	
单维度心流体验测量	2	0.38	-0.59	1.35	

调节变量	k	d	LL	UL	Q_b
挑战与技能平衡 vs 挑战高于技能					
Flow Short Scale	6	0.34	-0.15	0.83	
Flow State Scale	4	0.39	-0.23	1.02	
Eight-item Flow Scale	2	0.49	-0.30	1.28	1.17
Envolement and Enjoyment	4	0.72	0.16	1.29	
单维度心流体验测量	2	0.35	-0.46	1.15	
挑战低于技能 vs 挑战高于技能					
Flow Short Scale	4	-0.37	-0.84	0.11	
Flow State Scale	2	0.04	-0.68	0.77	
Eight-item Flow Scale	2	-0.19	-0.78	0.41	1.26
Envolement and Enjoyment	4	-0.20	-0.63	0.24	
单维度心流体验测量	2	-0.01	-0.62	0.60	

四、讨论

（一）挑战与技能不同组合条件对心流体验的影响

挑战与技能关系对心流体验的影响效果显著，挑战低于技能、挑战与技能平衡、挑战高于技能三种条件所引发的心流水平差异显著。根据心流理论的观点，挑战和技能平衡会引发心流体验，挑战低于技能时个体会感到无聊，而挑战高于技能时个体会产生焦虑感。本元分析的结果支持了上述观点，发现挑战与技能平衡时引发的心流体验显著高于挑战与技能不平衡、挑战低于技能、挑战高于技能三种条件下引发的心流体验，也澄清了前面关于挑战与技能到底在哪种条件下引发的心流体验最高的系列争议。该研究还发现，挑战低于技能与挑战高于技能所引发的心流体验没有显著差异。对上述结果的可能解释如下。

一是从注意资源的角度来看，挑战低于技能时，个体的注意资源过剩，个体容易关注其他无关刺激，导致注意受到干扰而分心；挑战高于技能时，个体的注意资源不足，个体难以完成当前任务，会诱发焦虑情绪；而挑战与技能平衡时，个体能够胜任挑战，注意资源都用来完成当前任务，注意力集中，容易进入专注、行动与意识融合、自我意识消失的心流状态。Abuhamdeh 和 Csikszentmihalyi 研究发现，挑战和技能平衡与注意力投入正相关，而且挑战与技能平衡可以正向预测注意力投入 [176]。挑战与技能平衡能够激发个体接受挑战的动机，使其专注地应对挑战，注意力高度集中，行动与意识融合，经历心流体验。注意力参与也可能以另一种方式促进心流体验。有学者认为，注意力集中在自我身上通常与厌恶的经历有关，将注意力从自我身上转移到一项任务上则与相对积极的经历相关 [6]。因此，挑战与技能平衡时，个体把注意力更多地转移到任务上，减少了与自我有关的消极体验，降低了消极情绪对心流体验的抑制，积极情绪相对提高，增强了心流体验。

二是从动机的角度来讲，挑战低于技能的任务相当于容易任务，挑战与技能平衡的任务相当于中等难度任务，挑战高于技能的任务相当于困难任务。其中，中等难度任务激发的动机水平最高，个体会主动投入活动任务中，更容易进入心流状态，而心流体验会增强个体再次从事中等难度任务的动机，形成了良性循环。根据能力动机理论 [177] 和认知评价理论 [178] 的观点，对最佳挑战（既不太容易，也不太困难）的追求有助于最大限度地提高一个人的能力感，进而增加行动的乐趣和内在动机，即中等难度任务能使个体产生对活动任务的掌控感、愉悦感和自主目的性，促进心流体验。

三是从进化的角度来看，个体完全沉浸在一项活动中，可能与在这项活动中的卓越表现和能力有关，这似乎会为其生存提供优势[176]。挑战与技能平衡的活动任务最容易使个体进入心流状态，这种状态下个体的表现或成绩往往比较出色，促使个体更愿意从事这项活动，其操作技能就会得到提高。为了体验心流，个体会选择更有挑战的任务，使挑战与技能再次达到平衡，如此下去，个体的技能会不断提升，能力越来越强，有助于更好地适应生存环境。

综上所述，挑战与技能平衡是心流体验发生的重要条件，后面的活动任务可以通过控制任务的挑战水平或提高个体的技能水平，使二者达到平衡，进而引发个体的心流体验。

（二）挑战与技能不同组合条件与心流体验关系的调节效应

1.被试群体

元分析结果表明，被试群体在挑战与技能关系对心流体验的影响中发挥调节作用，成人比青少年的调节效应更高。已往的研究也发现，挑战与技能关系对心流体验的影响在不同被试群体中的表现不同，如在模拟驾驶任务中，一项以成人驾驶员为被试的研究发现，挑战与技能关系对心流体验影响的效果量很大[179]，而且高于以大学生驾驶员为被试的效果量[180]。罗俊波研究发现，36 岁以上的被试，心流体验随着年龄增长而升高；35 岁以下的被试，心流体验相对较低[181]。Fong 等人研究发现，在年龄较大的参与者中挑战与技能平衡与心流体验更为密切，说明年长者的心流体验更深[161]。

产生上述结果的原因可能与个体认知、意志的发展水平有关。与青少年相比，成年人的专注力、自制力更强，在从事活动的过程中，成年人会更加积极地投入其中，克制自己不受外界刺激的干扰，专心致志地完成任务；而青少年自控能力相对较弱，情绪容易波动，注意力也更容易受到各种因素的干扰，想长时间专注于一项活动任务还是有难度的。成年人大多家庭和事业稳定，退休人员则在工作和家庭方面的压力大大减轻，他们自愿参加实验，参与动机普遍较高，也能更加投入地完成实验任务；相比之下，青少年学业压力大，正处于多愁善感的年龄段，参与实验的动机也可能比较复杂，在完成实验任务的过程中容易分心。

2. 研究领域

研究领域显著调节三种条件（挑战与技能关系、挑战与技能平衡和挑战与技能不平衡、挑战与技能平衡和挑战低于技能）对心流体验的影响，智力类任务引发的心流体验最强，接下来是游戏和学习，体育运动引发的心流体验最弱，说明挑战与技能关系对心流体验的影响程度与研究领域有关。

智力类任务（如瑞文标准推理测验）要求被试根据图形规律选出空格处的最佳答案，图形推理任务比学科内容考试更有趣，而且瑞文标准推理测验作为一种智力测验题，被试的重视程度是比较高的，会以对待考试的态度来认真完成任务，尽全力做好，以证明自己是聪明的，因此被试的内在动机水平很高，引发的心流体验也高。聂超以瑞文标准推理测验为实验材料来测量心流，发现挑战与技能平衡时心流最高，图形的客观复杂程度低时，被试的心流也很高 [51]。对于简单的题或自己能确保回答正确的题，被试感觉胜券在握，控制感强，专注度也高，能获得心流体验，感受到完成挑战带来的愉悦感。

游戏本身的趣味性和吸引力比较高，具备引发心流的前提条件，其难度等级分明，参与者可以自主选择适合自己的游戏，目标明确，而且操作表现好会马上得到奖励，这些特点使游戏任务在心流研究中备受欢迎。契克森米哈赖认为人们在做自己喜欢的活动时心情愉悦，乐在其中，会忽略时间的流逝。打游戏正是人们普遍喜欢的活动，容易引发心流体验。另外，本元分析发现，采用游戏作为心流体验诱发材料的研究是最多的，实验效果也令人满意，建议今后的心流研究可以采用游戏作为实验任务来诱发心流体验。

学习过程中引发的心流体验达到了中等效果量。尽管大众普遍认为青少年的学业压力大，存在学业焦虑现象，也有学者认为教室是学生大量参与强制性活动的场所，心流理论应用在教室这个场所会受到限制，但是本元分析结果表明学习过程中，挑战与技能平衡条件下引发的心流效果量还是比较乐观的。这启发我们在教学中可以通过引发学生的心流体验来提高学生的学习兴趣和学业表现，而学习兴趣和优异的学业表现会反过来促进学生主动学习，再次在学习中获得心流体验，二者循环增强。

体育活动中挑战与技能关系对心流体验影响的效果量不理想。可能是因为在体育活动中现场气氛活跃，参与者彼此间交流多，注意力容易被分散，而心流体验的维度中专注、行动与意识融合、时间感扭曲、自我意识消失都与注意力集中密不可分，因而心流体验也会受到负面影响。建议体育活动中的心流研究尽可能引导个体的注意力集中。

3. 测量工具

元分析结果表明，测量工具在挑战与技能关系对心流体验的影响中没有调节效应。本元分析发现，Flow Short Scale 是测量心流体验比较理想的工具，该量表以契克森米哈赖提出的心流定义为理论基础，这是广大学者普遍认可的理论观点；量表包括了心流体验的九个特征，对心流体验做了全面的测量；该量表的条目数少，不会引起被试的疲劳感和厌倦感。因此，今后的研究可以考虑优先选择 Flow Short Scale 作为心流体验的测量工具。

五、小结

综合以上元分析研究结果可以得知：挑战与技能关系对心流体验的影响显著，其中挑战与技能平衡是引发心流体验的重要条件；挑战与技能关系对心流体验的影响会受到被试群体、活动领域的调节。

第二节 挑战与技能平衡、专注和心流体验关系的元分析（元分析2）

一、概述

元分析1的结果表明挑战与技能平衡是引发心流体验的重要条件，支持"挑战与技能平衡是心流体验的前提"这一观点。但是，我们只能说挑战与技能达到平衡时更容易引发心流体验，而不能认为挑战与技能平衡就一定会出现心流体验。生活中我们可能有过这样的体会，一项自己感兴趣的活动通常是自己能够胜任的，活动难度与自己的技能相当，从事这项活动时，自己常会感到得心应手、动作流畅，并且会沉浸其中、废寝忘食，这就是心流体验。但是，如果某天发生了一件令人痛苦的事情，你继续去做这项活动，可能会发现自己心烦意乱，进入不了状态，没有心流体验，原因是注意力不集中。显然，注意力集中在心流体验的引发中也很重要。元分析1中挑战与技能平衡时心流体验最高，这一结论可以通过注意资源的投入来解释，说明注意力可能是引发心流体验的深层原因或者说注意力与心流体验之间可能存在因果关系。

心流研究领域的权威专家提出专注是心流体验的前提，强调专注是造就心流的关键，只有专注于手头的工作，才会出现心流体验[10]。可见专注是引发心流体验的关键因素[78]，但是缺乏相关的实证研究来支持"专注是心流体验的前提"这一重要观点。也有学者认为专注是心流体验的特征，如契克森米哈赖提出了心流体验的九种特征，其中专注是一种核心特征[43]；还有学者把这九种特征进一步划分为前因、特征、结果三部分，认为专注是心流过程中伴随的特征[182-183]。显然，专注到底是心流体验的前提，还是心流体验的特征，这两种观点是有争议的，这种争议可能与我们对"concentration"一词的理解有关。"concentration"被译为注意集中、专注。在现代汉语词典中，专注是指专心注意，描述的是一种状态，是形容词；注意力集中既指注意力集中的状态（同"专注"），也指把注意力集中于某处，是一个需要主观意志努力的动作，也称为集中注意。"专注是心流的特征"强调的是心流发生的过程中，个体全神贯注的心理状态，此处的专注是形容词；"专注是心流体验的前提"强调个体需要把注意力集中在当前任务上才能引发心流，需要主观努力。因此，笔者认为"concentration is the premise for flow experience"[12]不宜翻译为"专注是心流体验的前提"，而应该翻译为"注意力集中是心流体验的前提"，这样就可以避免读者对上述两种观点产生疑惑或争议。

契克森米哈赖把个人的注意力描述为精神能量，认为没有注意力就无法完成任何工作[12]。Hawkins等人认为，注意力是个体允许刺激信息进入大脑并开始处理的第一步[184]。还有学者提出，个体专注于一项活动任务需要注意资源的投入，进入心流状态需要注意资源作保障[185]。心流体验与注意资源的调动高度相关，个体在自主选择任务时，能够提高任务的重要性，使更多的注意资源投入活动中，因而在自主选择条件下个体的心流体验最高[186]。显然，个体在活动中首先需要注意力参与，把注意资源投入活动任务才会进入心流状态，注意力集中是心流体验的促进因素，专注的心流状态是注意力集中的结果。因此，我们推测注意力集中是引发心流体验的前提，专注是进入心流状态的特征。

由于已有的文献中缺乏对注意力与心流体验之间因果关系的研究，我们尝试通过逆向推理，从专注与心流体验的关系入手，为注意力集中与心流体验之间的因果关系提供可能的依据。元分析1发现，挑战与技能平衡是心流的前提条件，二者存在因果关系。如果挑战与技能平衡和心流体验的相关系数与专注和心流体验的相关系数接近或者专注与心流体验的相关系数更高，那么我们可得知专注与心流的高相关背后，可能存在某种与专注和心流有关的因果关系，根据上文的分析，可能是注意力集中与心流体验之间存在因果关系。因此，本元分析的目的是通过比较挑战与技能平衡、专注两个维度和心流体验的相关系数，来间接地为注意力与心流体验之间的因果关系提供依据。

已有研究发现，不仅挑战与技能平衡和心流体验的相关性较高，专注与心流体验的关系也很紧密。一项在线学习研究发现，相比挑战与技能平衡和心流体验的相关性，专注与心流体验的相关性更高 [187]。有研究调查了老年人在日常活动中产生的心流体验，发现专注与心流体验的相关性高于挑战与技能平衡和心流体验的相关性，一个人完全专注于一项活动时就会进入心流状态，如果活动的需求和技能相匹配，心流体验更有可能发生 [188]，言外之意，专注对心流体验的引发更为重要。因此，我们有必要从更宏观的角度，对挑战与技能平衡、专注和心流体验的相关系数做系统评价，为后续从注意力视角探索心流体验的影响因素和心理机制奠定基础。

采用元分析方法做相关系数的系统评价需要考虑相关系数的计算方法。已有一项元分析研究 [161] 对挑战与技能平衡和心流体验的相关系数做了系统评价，亚组分析结果表明二者的相关系数会受到计算方法的影响。有三种计算挑战与技能平衡和心流体验相关性的方法：一是计算心流体验总量表和挑战与技能平衡子量表之间的相关性；二是计算挑战与技能平衡测量和心流测量得分的相关性；三是采用实验法控制挑战与技能之间的关系，得到不同挑战与技能组合条件下心流得分的 t 值、F 值、χ^2 值，然后转换成相关系数。其中，第一种方法用心流总量表和挑战与技能平衡子量表计算的相关性要高于二者作为两个独立变量之间的相关性。本元分析纳入的文献中关于专注与心流体验相关性的研究，多数是通过计算心流总量表和专注子量表之间的相关系数得到的，即采用了第一种方法。为了使挑战与技能平衡和心流体验的相关系数以及专注与心流体验的相关系数具有更高的可比性，本书将采用第一种方法来计算相关性。

综上所述，本书将进一步采用元分析方法，把关于心流体验总分与因子分相关矩阵的研究纳入元分析，对心流体验量表中挑战与技能平衡和心流体验的相关系数以及专注与心流体验的相关系数做系统评价，比较挑战与技能平衡、专注这两个因子和心流之间的相关程度。本元分析不需要探讨挑战与技能平衡、专注和心流体验关系的潜在变量及作用程度，无须做亚组分析，也不讨论调节效应。

二、研究方法

（一）文献检索与筛选

本元分析通过检索中文数据库（中国知网、万方数据、读秀）和英文数据库（Web of Science、Springer Link、PsycArticles、Worldlib、EBSCOhost、WILEY）获得相关文献，并利用参考文献进行检索以查漏补缺。检索词分三类：一是心流类，包括心流、流畅状态、流畅体验、最优体验、沉浸、福流、flow state、flow experience、optimal experience；二是挑战与技能平衡类，包括挑战与技能、任务难度、目标难度、challenge、demands、skill、challenge-skill、task difficulty；三是专注类，包括专注、注意力集中、concentration、focus attention on、centering of attention。检索过程需要在各数据库搜索"主题词""篇名""关键词""摘要"包含以上检索词的文献，并排除 cash flow、optic flow、blood flow 以减少无关文献的数量。文献检索时间截至 2021 年 11 月 16 日。

文献纳入标准：第一，用心流体验量表研究心流体验和挑战与技能平衡的相关关系或心流体验与专注的相关关系；第二，能够提取心流体验和挑战与技能平衡、专注的相关系数，排除需要通过 t 值、F 值、$\chi2$ 值转换成 r 值的文献；第三，仅检索语言为中文、英文的文献；第四，调查数据不能重复使用，优先采用经过同行评审的论文。

本元分析根据上述标准检索文献，共检索到 8 627 篇文献，经过筛选最终纳入 33 篇有效文献，包括 11 篇中文文献和 22 篇英文文献。

（二）文献编码

本元分析将纳入的 33 篇文献进行了编码（表 3-8），包括文献信息（作者及年份）、被试群体、研究领域、相关系数。每个独立样本编码一个效果量，一篇文献报告多个独立样本的分别编码。本书由两位编码者单独编码，对编码不一致的文献进行探讨，达成共识后确定最终编码。

表 3-8　纳入文献基本信息

作者及年份	被试群体	研究领域	Fisher's Zr_1	Fisher's Zr_2
叶金辉，2013	AD	学习	0.87	0.80
徐倩，2017[189]	AD	体育运动	1.94	2.09
饶遵玲，2021[190]	AD	体育运动	0.07	0.20

续　表

作者及年份	被试群体	研究领域	Fisher's Zr_1	Fisher's Zr_2
苏榆，2013[191]	A	体育运动	0.10	0.01
张静，2012[192]	AD	学习	1.10	1.15
肖如锋，2019[193]	AD	体育运动	1.09	0.81
祝丽怜，2013[194]	A	工作	—	1.28
刘微，2017[195]	AD	学习	1.32	1.4
钟烨，2018[196]	A	工作	0.30	—
乔小艳，2012[197]	AD	游戏	—	0.99
杨雪，2015[198]	AD	游戏	1.22	1.38
Schüler, 2007 a	AD	学习	0.11	—
Schüler, 2007 b	AD	学习	0.10	—
Hodge et al, 2009[199]	AD/A	体育运动	0.91	1.02
Fullagar et al, 2013	AD	学习	0.73	—
Schwartz et al, 2006 a[200]	AD	学习	0.40	—
Schwartz et al, 2006 b	AD	学习	0.31	—
Schwartz et al, 2006 c	AD	学习	0.35	—
Deitcher, 2011[201]	AD/A	工作	0.77	0.81
Bakker, 2005[202]	A	工作	0.17	—
Stavrou et al, 2007	AD	体育运动	1.16	0.89
Marsh et al, 1999 a[203]	NA	体育运动	0.55	0.58

续 表

作者及年份	被试群体	研究领域	Fisher's Zr_1	Fisher's Zr_2
Marsh et al, 1999 b	NA	体育运动	0.32	0.29
Vlachopoulos et al, 2000[204]	AD/A	体育运动	1.42	0.79
Nah et al, 2010[205]	AD	日常活动	0.16	—
Payne et al,2011	A	日常活动	0.74	0.91
Shin，2006	AD	学习	0.21	0.29
Waterman et al, 2003 a[206]	AD	学习	0.35	—
Waterman et al, 2003 b	AD	学习	0.44	—
Guo & Ro, 2008[207]	AD	学习	—	0.83
Schiefele et al, 2011 a	AD	智力类任务	0.48	
Schiefele et al, 2011 b	AD	智力类任务	0.51	
Chan & Ahern, 1999[208]	AD	学习	1.29	0.66
Waterman et al, 2008 a[209]	AD	学习	0.38	—
Waterman et al, 2008 b	AD	学习	0.28	—
Waterman et al, 2008 c	AD	学习	0.35	—
Snow, 2010[210]	A	智力类任务	1.05	—
Russell, 2001	AD	体育运动	0.73	0.44
Marty-Dugas et al, 2019 a[211]	A	日常活动	—	0.64
Marty-Dugas et al, 2019 b	A	日常活动	—	0.66

作者及年份	被试群体	研究领域	Fisher's Zr_1	Fisher's Zr_2
Schüler et al, 2013[212]	AD	体育运动	—	0.41
Baumann et al, 2016	AD	游戏	-0.18	—

注：Fisher's Zr_1＝挑战与技能平衡和心流体验的相关系数，Fisher's Zr_2＝专注和心流体验的相关系数，AD＝青少年，A＝成人，NA＝不明确。

（三）数据处理与分析

本书选用 JASP 0.16 软件进行元分析，将样本相关系数 r 转化为 Fisher's Zr，$Zr＝0.5×\ln$（·），然后将 Zr 值的加权平均数转换为相关系数，得到总体效果量。

三、研究结果

（一）发表偏倚检验

本元分析采用 Begg 秩相关检验法、Egger 检验和失安全系数法进行发表偏倚检验，结果见表 3-9。心流体验和挑战与技能平衡、专注的秩相关检验的结果依次为 0.056（$p>0.05$），0.095（$p>0.05$），表明没有报告偏倚；Egger 检验的截距均与 0 差异不显著，表明存在偏倚的可能性很低；失安全系数为 56 210，51 290，远大于 190，130（$5k+10$，k 依次为 36、24），说明研究结果的可靠性好，结论受发表偏倚的影响不大。三种方法的检验结果是一致的，都表明研究不存在明显的发表偏差，结果是准确的。

表 3-9　发表偏倚检验

变量	k	N_{fs}	Begg 秩相关检验		Egger 检验	
			z	p	z	p
挑战与技能平衡	36	56 210	0.056	0.63	-1.13	0.26
专注	24	51 290	0.095	0.52	-1.05	0.30

（二）异质性检验

本元分析的异质性检验结果如下（表 3-10）：I^2 依次为 98.51%，98.71%，均大于 50%，表示研究间存在异质性；H 值依次为 8.18，8.79，均大于 1.5，表明研究间存在异质性；Q 检验的 p 值均小于 0.01，也表明存在异质性。据此，本元分析适合采用随机效应模型，而且心流体验和挑战与技能平衡、专注的关系可能受到调节变量的影响。

表 3-10　异质性检验

变量	k	Q	I^2	H
挑战与技能平衡	36	59.75**	98.51%	8.18
专注	24	77.60**	98.71%	8.79

注：** 为 $p<0.01$。

（三）心流体验和挑战与技能平衡、专注的关系

元分析结果（表 3-11）表明，挑战与技能平衡和心流体验的相关系数为 0.62（CI 为 0.46~0.77，$p<0.01$），说明挑战与技能平衡和心流体验之间呈强正相关；专注与心流的相关系数为 0.81（CI 为 0.63~0.99，

$p<0.01$），说明专注与心流之间呈强正相关。和挑战与技能平衡相比，专注与心流的相关程度更高。

表3-11 心流体验和挑战与技能平衡、专注的关系

变量	k	n	r	LL	UL
挑战与技能平衡	36	11470	0.62**	0.46	0.77
专注	24	10086	0.81**	0.63	0.99

注：** 为 $p<0.01$。

四、讨论

表3-11的结果显示，挑战与技能平衡和心流体验呈显著的中等到强正相关（$r=0.62$），专注与心流体验呈显著的强正相关（$r=0.81$），而且后者的相关系数高于前者的相关系数。显然，挑战与技能平衡和专注都是心流体验的重要维度，专注是心流体验的特征。

有学者指出，"专注是心流的特征"与"专注是心流的前提"的区别在于"专注"发生的时间不同，专注作为促进因素发生在心流体验出现之前，作为特征维度发生在心流体验出现的过程中[213]。笔者认可这种观点，也对此做了进一步的修正，认为"专注是心流的特征"强调的是心流发生的过程中，个体全神贯注的心理状态，这是一种毫不费力的注意，属于有意后注意；而"专注是心流的前提"应该准确地表述为"注意力集中是心流的前提"，强调个体把注意力集中在当前的活动任务上才能引发心流，需要个体的主观努力，是有目的的，属于有意注意。有意注意是一种为了达到预定目标而做出意志努力的注意；有意后注意是有预定的目的，但是不需要意志努力的注意，是在有意注意的基础上发展起来的，个体在有意注意状态下刻意练习，达到熟练的自动化

操作水平时，就容易进入有意后注意状态[214]。个体准备做一件事情时，需要先把注意力集中在当前的任务上，排除其他无关信息，努力维持当前的认知活动，一段时间后，个体会逐渐进入全神贯注的状态，其意识活动与手头任务高度统一，对活动有掌控感，操作流畅甚至自动化完成，进入一种心流状态。简言之，个体在从事一项活动时，是从刻意集中注意力逐渐进入毫不费力的、专注的心流状态，本质上是从有意注意进入有意后注意的过程。个体需要先集中注意力，然后才会进入专注的心流状态，专注是注意力在集中程度上的延续与深化，这意味着个体集中注意力的能力越强，就越容易进入专注于当下的心流状态。

综上所述，专注与心流体验的强相关背后，可能存在注意力集中与心流体验之间的因果关系，"注意力集中是心流的前提"在理论上是成立的，但还需要通过实证研究进一步验证。

五、小结

挑战与技能平衡、专注和心流体验呈较强至强正相关，二者都是心流体验的重要维度。专注和心流体验的相关系数高于挑战与技能平衡和心流体验的相关系数，前者与心流体验的相关程度更为密切。

第三节　心流体验的前提：元分析结果的总讨论

元分析 1 的结果表明，挑战与技能平衡时引发的心流体验最高，显著高于挑战与技能不平衡、挑战低于技能、挑战高于技能三种条件下引发的心流体验，完全符合心流理论的观点。但是，已有研究发现了关于挑战与技能关系对心流影响效果的各种争议性结果，如挑战低于技能的任务或挑战高于技能的任务引发的心流比挑战与技能平衡时更高，这些争议性的结果有可能发现了心流理论所无法解释的现象。然而由于研究样本少，这些情况在元分析效果量合并过程中被抵消了，最后得出一个具有普遍性的结论，掩蔽了特殊情况的存在价值。

之所以元分析结果完全符合心流理论的假设，可能存在以下原因：一是实验结果符合心流理论时，更好解释，也更容易发表，元分析纳入的文献中缺乏未发表的文献；二是这些实证研究是在心流理论的指导下设计的，为了明确区分挑战与技能的不同组合并且使其引发不同的主观体验，研究者在实验情境中人为地设计了极端的实验条件，如挑战远低于技能的任务（很容易）足以引发无聊感，挑战远高于技能的任务（很困难）足以引发焦虑感，因此挑战与技能平衡的任务引发的心流体验显著高于另外两种条件下的心流体验，研究结果必然支持心流理论。但是现实生活中很少有极端情况（很容易或很困难）下的活动任务，多数时候活动任务的挑战水平可能稍低于或稍高于自己的技能水平，这种情况也可能会出现心流体验，只是强度没有挑战与技能平衡条件下的心流那么高，也许还会比挑战与技能平衡条件下的心流更高。此时，研究结果未必支持心流理论，这值得我们去检验。

此外，挑战与技能平衡时心流最高，挑战低于技能时出现无聊，挑战高于技能时出现焦虑，从注意力的角度来看，挑战低于技能时，个体应对挑战轻而易举，多余的注意力会分散在无关刺激上，注意力不集中；挑战高于技能时，个体应对挑战力不从心，会担心自己表现不好或完不成任务带来的后果，也会造成注意力不集中；而挑战与技能平衡时，个体面对挑战得心应手，注意力集中，全身心投入其中，进而出现了心流。据此，我们推测挑战与技能平衡时心流最高，本质上是因为挑战与技能平衡时，个体的注意力集中水平高，然后才进入了专注的心流状态。

元分析 2 的结果表明，专注和心流的相关性比挑战与技能平衡和心流的相关性更高，而且达到了显著的大效果量，说明在心流状态中专注是一个显著的特征。有学者提出，这种专注是一种毫不费力的注意 [215]，有明确的目的，但是不需要意志努力，个体能自动化地完成活动任务。个体把注意力集中在活动任务上，逐渐进入有意后注意状态，感到自己完成任务如行云流水般流畅，物我两忘，这就是所谓的心流体验。只有集中注意力去做，才有可能进入专注的心流状态。因此，我们推测注意力集中是心流的前提条件。接下来将通过实证研究检验现实游戏情境中挑战与技能关系对心流的影响，并在此基础上验证注意力集中是心流出现的前提条件。

第四章 心流体验的影响因素(研究二)

第一节　预实验：实验任务的选择与评定

预实验的目的是从经典俄罗斯方块游戏的多项游戏任务中，选出主观难度为容易、中等、困难的三项游戏作为本书的实验任务。

一、实验任务的选择

在引发心流体验的实验研究中，经典俄罗斯方块游戏是被广泛使用的实验任务之一。与引发心流体验的其他实验任务（如背诵课文、识记英语单词、推理任务等）相比，经典俄罗斯方块游戏受被试的知识背景影响较小，简单易学，操作方便，大学生大约练习 2 分钟就可以掌握操作方法。该游戏可以通过方块下落的速度来选择游戏的客观难度，不同的难度水平能够满足各种段位的玩家的需要；游戏要求玩家把下落的方块与底部已有的方块相嵌合，排列成完整的一行或多行，任务目标很明确；当一行排列完整时会立即自动消除并得分，对操作表现的反馈及时且清晰。这三个特点正好能满足学者们普遍认可的引发心流体验的前提，即挑战与技能平衡、目标明确、反馈及时。前面元分析 1 的研究结果表明，被试参与的活动领域在挑战与技能组合和心流体验的关系中起调节作用，活动任务为游戏时引发的心流体验较高，游戏是一种理想的诱发心流体验的实验任务。由此可见，经典俄罗斯方块游戏具备引发心流体验的条件，可以作为实验任务。

以经典俄罗斯方块游戏为实验任务的心流研究往往是使用 Matlab 等软件编写游戏，设计三种难度的游戏任务，即方块按三种速度（足以让人感到无聊的慢速、能流畅操作的适宜速度、让人着急焦虑的快速）下落。这三种速度正好对应着低挑战高技能、挑战与技能平衡、高挑战低技能三种条件。其中，速度适宜的任务被称为中等难度任务，被试完成这种难度的任务时感到挑战水平与自己的技能平衡；速度慢到让人无聊的任务被称为容易任务，玩家感到自己的技能远高于挑战；速度快到让人焦虑的任务被称为困难任务，玩家感到挑战远高于自己的技能。有研究以软件编写的俄罗斯方块游戏为实验任务，发现中等难度任务引发的心流体验最高，容易任务和困难任务引发的心流体验较低[62, 167]，研究结果刚好支持心流理论三通道模型。

有一项研究结果"不合常理"却具有启发意义的研究，值得探讨。殷悦以软件编写的俄罗斯方块游戏为实验任务，结果发现中等难度任务引发的心流体验只是略高于简单任务引发的心流体验，二者差异不显著，中等难度任务引发的心流体验显著高于困难任务引发的心流体验[216]。该研究中的游戏任务包括五种难度，从难度一到难度五方块下降的速度逐渐增快，即游戏的客观难度逐渐增大，难度一、难度二、难度三、难度四这4项任务的客观难度所引发的心流体验彼此间没有显著差异，但是均显著高于难度五引发的心流体验。该研究对这5项游戏任务进行了主观难度自评，发现主观难度引发的心流体验主效应显著，多重比较结果显示，前4项游戏任务的主观难度引发的心流体验均显著高于第5项游戏任务的主观难度引发的心流体验，但是前4项游戏任务的主观难度引发的心流体验彼此间也没有显著差异。以上结果只是部分地支持了心流理论，可能是因为前4项游戏任务虽然有客观难度的区分，但是客观难度差距小，没有引起被试主观难度上的显著差异和心流体验的显著差异。该研究结果对本书有重要启发，我们在预实验选择游戏任务时需要多选择几个，确保其中有些游戏任务的主观难度彼此间差异显著，并且足以引起心流体验之间的显著差异，将其选出来作为正式实验的材料。

　　为了验证心流理论而用软件编写的俄罗斯方块游戏通常会有方块下落速度极快和极慢两种任务，研究结果自然会支持心流理论。这种人为设计的游戏任务与现实生活中的经典俄罗斯方块游戏任务是不同的，现实生活中的经典俄罗斯方块游戏通常以小型掌上游戏机为载体，操作简便灵活，控制感强，趣味性高，而且有若干关卡，玩家可以自主选择游戏的难度，即便是方块降落速度最慢的一关，也适合部分平常不玩游戏的玩家去玩，比用编程软件设计的俄罗斯方块游戏中最慢的速度快一些，玩家不会感到无聊。显然，使用为了验证心流理论而人为设计的游戏任务，得出的研究结果未必能推广到现实生活中。因此，本预实验选择现实生活中掌上游戏机里的经典俄罗斯方块游戏作为实验任务。在方块降落速度方面，游戏机 Level 1 模式下有 10 种速度（Speed 1 至 Speed 10），Speed 9 和 Speed 10 速度太快，玩家来不及做出正确的操作游戏就结束了，而 Speed 1 与 Speed 2 主观感知到的难度比较接近，Speed 3 与 Speed 4 的主观难度比较接近，为了避免被试出现疲劳效应，我们选择游戏机上的 Speed 1、Speed 3、Speed 5、Speed 6、Speed 7、Speed 8 作为预实验任务。

二、实验任务的评定

　　任务难度没有明确的定义，有时用来指任务的客观难度，有时也指任务的主观难度。任务的客观难度更准确地说，应该称为任务的复杂度、任务的需求或挑战，它属于任务固有的特征，是一个客观因素。而任务的主观难度是一个主观因素，是个体对任务的胜任水平的反映，个体的胜任能力不同，他们对同一项任务的难度评定也存在差异。在心流研究中，衡量挑战与技能的关系本质上是个体对自身能力能否满足任务需求的评估，表现为个体感知到完成任务的主观难易程度，所以任务的主观难度可以用来预测心流体验。殷悦的研究结果也表明，主观难度比客观难度更适合作为心流体验的引发指标[216]，因为心流体验本身就是一种主观体验。因此，本预实验采用主观难度来评定实验任务。

通常在评定活动任务的主观难度时，我们会假定个体的某项技能水平是稳定的。当个体感到活动任务的挑战水平低于自己的技能时，主观难度低，任务简单；当个体感到活动任务的挑战水平与自己的技能平衡时，主观难度中等，任务是中等难度；当个体感知到活动任务的挑战水平高于自己的技能时，主观难度高，任务困难。一些实证研究默认中等难度任务等于挑战与技能平衡，直接用心流理论来解释中等难度任务引发的心流体验最高这一结果，如中等难度的定点投篮引发的心流体验最高[217]、中等难度的电脑版俄罗斯方块游戏引发的心流体验最高[218]、中等难度的模拟驾驶任务引发的心流体验最高[179]，这些研究都以心流理论作为理论指导。

本预实验中俄罗斯方块游戏的主观难度评估也基于个体的打游戏水平是稳定的，用玩每一关游戏时的感知挑战水平与自己的技能相比较。评定的问题为："用我的打游戏水平来衡量，刚才这关俄罗斯方块游戏的难度如何？"本预实验采用 Likert 7 点计分法测量，1 表示难度很低，4 表示难度中等，7 表示难度很高。

三、研究方法

（一）被试

本预实验采用问卷形式在某高校大学生中筛选符合实验条件的被试。为了保证被试的打游戏技能水平比较接近，被试间有较高的同质性，我们根据被试的打游戏等级和每周玩游戏的时间来筛选被试。第一，被试依据自己在最擅长的游戏中的段位或等级（客观指标）来评价自己的打游戏水平，从低到高 10 级评分（1 ～ 10），排除自评为 1 级、

10 级的被试；第二，排除几乎从不打游戏的被试和平均每周打游戏时间在 14 小时以上的被试；第三，所有被试的视力或矫正视力正常，双手能灵活操作游戏机，没有参加过类似实验。最后自愿报名参与实验的被试有 66 人，其中男生 9 人，女生 57 人，被试的平均年龄为 21.08 岁（$SD=0.99$）。

（二）测量工具

元分析 1 的结果发现 Flow Short Scale 是测量心流体验的理想工具，因此本预实验采用刘微娜修订的《简化状态流畅量表》[96]。该量表测量了心流体验的 9 个特征，每个特征对应 1 个题项，共 9 个题项，采用 5 点计分方式，从 1（完全不符合）到 5（完全符合），得分越高表明个体的心流体验越深，此量表的一致性系数为 0.70。为使量表的题目与玩俄罗斯方块游戏的情境更加吻合，本书对这 9 个题项的表述略作调整，没有改变原意，为了方便称呼也称其为游戏心流量表，在本预实验中该量表的内部一致性为 0.71。

（三）实验程序

被试先阅读指导语了解实验任务，然后熟悉游戏操作方法；游戏机上可以按"左""右""旋转"键，禁止按"下"键，以保证游戏的速度不变；被试还要学会自己选择 Level 1 模式下 Speed 的等级。练习 2 分钟后实验正式开始，每种速度的游戏玩 3 分钟，如果时间未到 3 分钟游戏结束了，被试需要自己调到刚才的游戏任务上继续玩。3 分钟后游戏停止，被试填写《简化状态流畅量表》，并对本关游戏的主观难度做出评定。被试依次完成 6 种速度的游戏，6 项游戏任务按拉丁方顺序排列。

（四）实验结果

预实验中，被试对每一关游戏的主观难度评定结果如下（表4-1）：Speed 1 任务难度最小，Speed 8 任务难度最大，Speed 5 任务难度最接近中等水平。

表4-1　游戏任务难度评定结果 ($M \pm SD$)

Speed 1	Speed 3	Speed 5	Speed 6	Speed 7	Speed 8	F
2.62 ± 1.27	3.50 ± 1.08	3.99 ± 1.04	4.33 ± 0.83	4.65 ± 0.97	5.35 ± 0.90	55.94***

注：*** 为 $p < 0.001$。

6项游戏的任务难度差异显著，$F_{(5, 325)} = 55.94$，$p < 0.001$，多重比较结果如表4-2所示。

表4-2　对游戏任务难度差异的多重比较结果 (I-J)

I- J	Speed 3	Speed 5	Speed 6	Speed 7	Speed 8
Speed 1	-0.88*	-1.36*	-1.71*	-2.03*	-2.73*
Speed 3	—	-0.48*	-0.83*	-1.15*	-1.85*
Speed 5	—	—	-0.34	-0.66*	-1.36*
Speed 6	—	—	—	-0.31	-1.01*
Speed 7	—	—	—	—	-0.69*

注：* 为 $p < 0.05$。

Speed 1 和 Speed 8 均与其余 5 个游戏的任务难度存在显著差异。Speed 5 最接近中等难度任务，且与 Speed 1、Speed 3、Speed 7、Speed 8 的任务难度都存在显著差异。各项游戏任务引发的心流体验结果见表

4-3，随着任务难度的增大，心流体验呈下降趋势。各项游戏任务引发的心流体验差异显著，$F_{(5, 325)}=7.10$，$p<0.001$。

表4-3　各项游戏任务引发的心流体验结果（$M\pm SD$）

Speed 1	Speed 3	Speed 5	Speed 6	Speed 7	Speed 8	F
33.80 ± 4.98	32.68 ± 4.38	31.52 ± 4.41	31.71 ± 4.32	31.19 ± 4.29	29.44 ± 4.43	7.10***

注：*** 为 $p<0.001$。

各游戏任务引发的心流体验差异的多重比较结果见表4-4。

表4-4　对心流体验差异的多重比较结果（I-J）

I-J	Speed 3	Speed 5	Speed 6	Speed 7	Speed 8
Speed 1	1.12	2.29*	2.09*	2.61*	4.36*
Speed 3	—	1.16	0.97	1.48	3.24*
Speed 5	—	—	-0.19	0.31	2.07*
Speed 6	—	—	—	0.51	2.27*
Speed 7	—	—	—	—	1.76*

注：* 为 $p<0.05$。

Speed 8 与其他 5 项游戏任务引发的心流体验均存在显著差异，Speed 1 与 Speed 5、Speed 6、Speed 7、Speed 8 引发的心流体验均存在显著差异。Speed 3 仅与 Speed 8 的心流体验存在显著差异，Speed 5、Speed 6、Speed 7 都是只与 Speed 1、Speed 8 的心流体验存在显著差异。Speed 3、Speed 5、Speed 6、Speed 7 四者的心流彼此之间均无显著差异。

四、讨论

Speed 1 和 Speed 8 均与其余 5 项游戏任务的主观难度存在显著差异，Speed 8 与其他 5 项游戏任务引发的心流体验均存在显著差异，Speed 1 与 Speed 5、Speed 6、Speed 7、Speed 8 引发的心流体验均存在显著差异。因此，我们选择 Speed 1 和 Speed 8 作为正式实验的材料，且把 Speed 1 命名为容易任务，Speed 8 命名为困难任务。

Speed 3、Speed 5、Speed 6、Speed 7 都有可能成为中等难度任务，只是 Speed 5（$M=3.99$）最接近中等难度任务，且与 Speed 1、Speed 3、Speed 7、Speed 8 的主观难度都存在显著差异。Speed 3、Speed 5、Speed 6、Speed 7 引发的心流体验彼此间没有显著差异。因此，我们选择其中一个主观难度最接近中等水平，且与其他主观难度差异显著的游戏任务作为中等难度任务，相比之下，Speed 5 是最佳选项。

综上所述，本书选择 Speed 1、Speed 5、Speed 8 作为正式实验的材料，且把挑战低于技能的 Speed 1 命名为容易任务，挑战与技能平衡的 Speed 5 命名为中等难度任务，挑战高于技能的 Speed 8 命名为困难任务。

第二节 挑战与技能关系对特质焦虑个体心流体验的影响（子研究 1）

一、概述

关于高特质焦虑个体与低特质焦虑个体的认知和情绪有何区别，是备受关注的问题。例如，当谈到"高焦虑个体的心流体验"时，人们的第一反应是高焦虑个体大部分时候处于紧张、担忧的状态，认为高焦虑个体不太会出现心流体验，低焦虑个体才有可能体验到心流。然而，高焦虑个体在做自己很喜欢的事情时，也会沉浸其中，乐此不疲，就像有的焦虑个体在追剧、打网络游戏、看网络小说时会废寝忘食，随着故事或游戏中的情境哭、笑、叫，沉醉其中，当停下来的时候发现不知不觉过去了很长时间，这正是进入心流状态的表现。所以，从生活经验的角度来看，焦虑个体也会体验到心流，只是心流体验出现的频率或强度可能较低。从科学研究的角度来看，高特质焦虑个体的心流体验也比较低。有研究表明，特质焦虑与心流体验呈负相关，高特质焦虑者担心自己的能力无法胜任挑战，难以全身心地投入，使心流体验减弱[6]。有学者提出，注意控制是对积极信息和消极信息投入注意的能力，焦虑会增加个体对威胁性信息的注意偏向，消耗一部分注意资源，使个体对目标任务投入的注意资源不足，损害了注意控制功能[219]。同理，高特质焦虑者的焦虑水平偏高，也会出现负性注意偏向，分散了注意力，干扰了注意控制能力，对当前的活动任务投入的注意资源不足，难以进入专注的心流状态。据此推测，高特质焦虑者比低特质焦虑者的心流体验低，特质焦虑水平越高，心流体验越弱。

前面论述了挑战与技能在三种组合条件下都有可能出现心流体验，打游戏作为引发心流体验的理想任务也出现了不同的研究结果。一项用电脑编程设计的经典俄罗斯方块游戏中有三种不同模式的游戏任务：第一种是容易任务，无论玩家的表现如何，方块都以非常慢的速度下落，让人感到很无聊；第二种是方块以非常快的速度下落，玩家很难填满任何一行；第三种是玩家可以自动调节方块下落的速度，使其与自己的技能相适应。结果发现，技能水平与任务需求相平衡时，被试的心流体验最高[62]。另一项以电脑游戏为实验任务的研究中，游戏难度可以根据玩家的技能自动调节，该研究设计了固定的挑战与技能平衡、动态的挑战与技能平衡、动态的挑战略高于技能三种条件，结果发现三种条件下引发的心流体验从高到低为动态的挑战略高于技能 > 动态的挑战与技能平衡 > 固定的挑战与技能平衡[145]。这两项研究都以普通人群为研究对象，挑战与技能平衡的游戏任务都是自主选择的，甚至会根据玩家的实时操作表现自动调整速度，使游戏任务的挑战水平与每一位玩家的技能高度匹配，玩家当然会感到玩挑战与技能平衡的游戏操作自如，内心放松平静，带来的心流体验最强。而在本书中研究对象是特质焦虑个体，实验任务为用掌上游戏机玩三种固定模式的俄罗斯方块游戏，分别对应着挑战低于技能、挑战与技能平衡、挑战高于技能三种条件，特质焦虑个体为了缓解焦虑，可能会偏好低难度的任务，玩挑战低于技能的游戏时心流体验最高。

阿特金森（Atkinson）提出，追求成功的个体倾向于选择中等难度的任务，避免失败的个体倾向于把任务看作威胁，会选择容易的任务[220]。有研究表明，追求成功趋向与特质焦虑呈显著的负相关，避免失败趋向与特质焦虑呈显著的正相关[221]。高特质焦虑者的焦虑水平较高，避免失败的动机也较高，选择容易的任务压力小，操作表现好，心流体验可能会较高。据此推测，高特质焦虑者在挑战低于技能条件下的心流体验最高，高特质焦虑者的心流体验低于低特质焦虑者。

综上所述，本实验的目的是探索挑战与技能关系对特质焦虑个体的心流体验有何影响，特质焦虑水平高低对心流体验有何影响。预期特质焦虑个体在完成挑战低于技能的任务时心流体验最高，相比低特质焦虑个体，高特质焦虑个体的心流体验更低。

二、研究方法

（一）被试

本实验面向某高校部分学院的大一、大二学生进行问卷调查，采用特质焦虑量表（T-AI）测查了 1 000 人，按照问卷得分从高到低排列，取得分在前 27% 和后 27% 的被试分别作为高特质焦虑组和低特质焦虑组。然后，本实验根据被试的自评打游戏水平和玩游戏时间来控制被试的打游戏技能，要求被试根据自己最擅长的游戏的等级或段位为自己的打游戏水平主观评分，从低到高 10 级评分（1～10），排除自评为 1 级、10 级的被试，而且排除几乎从不打游戏的被试和平均每周打游戏时间为 14 小时以上的被试。最后得到高特质焦虑者 58 人，其中男生 6 人，女生 52 人；低特质焦虑者 56 人，其中男生 7 人，女生 49 人。114 名被试的平均年龄为 20.24±0.98 岁。高特质焦虑组平均分为 53.95±4.84，低特质焦虑组平均分为 35.14±3.55，t 检验结果表明两组被试的特质焦虑得分差异显著，$t_{(112)}=-52.68$，$p<0.001$。高特质焦虑组的平均分高于常模 43.31，低特质焦虑组的平均分低于常模 43.31。所有被试的视力或矫正视力正常，双手能灵活操作游戏机，没有参加过类似实验。

（二）测量工具

本实验采用李文利和钱铭怡修订的中国版状态特质焦虑量表中的特质焦虑量表，用于评估人们平常的或经常性的焦虑倾向，该量表共 20 个条目，其中负性情绪条目 10 项，正性情绪条目 10 项，正性情绪的条目反向计分，总分越高表示个体的特质焦虑水平越高，其重测相关系数为 0.90，中国大学生的特质焦虑常模为 43.31[222]。本实验中该量表的内部一致性为 0.91。

《简化状态流畅量表》同预实验，在本实验中该量表的内部一致性为0.71。

（三）实验设计与程序

本实验采用2（高、低特质焦虑）×3（挑战与技能关系）混合设计，把特质焦虑这一分组变量当作组间变量处理，是一种准实验逻辑；挑战与技能关系为组内变量，分为挑战低于技能（Speed 1）、挑战与技能平衡（Speed 5）、挑战高于技能（Speed 8）三种类型的任务；心流体验为因变量。被试先熟悉游戏机的操作方法，主试宣读注意事项，三种游戏任务按照拉丁方顺序排列，每种游戏任务3分钟，如果时间未到3分钟就出现"Game Over"，被试需要自行调到刚才玩的游戏级别上继续完成任务。每种类型的游戏任务结束后，被试都要求马上填写《简化状态流畅量表》。

三、研究结果

以特质焦虑和挑战与技能关系为自变量，心流为因变量，进行方差分析的结果如下。

特质焦虑对心流体验的主效应显著，$F_{(1, 336)}=19.77$，$p<0.001$，偏$\eta^2=0.06$，低特质焦虑组的心流（33.41 ± 0.35）显著高于高特质焦虑组（31.23 ± 0.34）。挑战与技能关系对心流体验的主效应显著，$F_{(2, 336)}=48.04$，$p<0.001$，偏$\eta^2=0.22$。多重比较结果显示，挑战低于技能时引发的心流（34.99 ± 4.81）显著高于挑战与技能平衡引发的心流（32.77 ± 4.86）和挑战高于技能时引发的心流（29.15 ± 4.21），挑战与技能平衡时引发的心流显著高于挑战高于技能时引发的心流。特质焦虑和挑战与技能关系的交互作用不显著，$F_{(2, 336)}=0.37$，$p>0.05$。

特质焦虑和挑战与技能关系对心流体验的影响如图4-1所示。图中高、低特质焦虑组被试的心流体验都随着主观任务难度的增大而呈现下降趋势，并不是呈倒 U 形曲线。不管完成哪种任务，低特质焦虑组表现出的心流体验都高于高特质焦虑组。

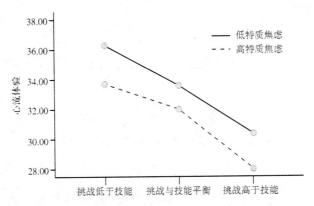

图 4-1　特质焦虑和挑战与技能关系对心流体验的影响

在完成同样的任务时，高、低特质焦虑组被试的心流体验及其差异检验结果如表 4-5 所示。

表 4-5　两组被试完成各项任务的心流体验及其差异检验

挑战与技能关系	低特质焦虑	高特质焦虑	心流差值	t
挑战低于技能	36.24 ± 4.59	33.71 ± 4.69	2.53 ± 0.86	2.94**
挑战与技能平衡	33.57 ± 4.83	31.98 ± 4.80	1.58 ± 0.90	1.76
挑战高于技能	30.36 ± 4.02	28.00 ± 4.09	2.36 ± 0.76	3.09**

注：** 为 $p < 0.01$。

当完成挑战低于技能与挑战高于技能的任务时，两组被试的心流差值较大且差异显著。当完成挑战与技能平衡的任务时，两组被试的心流差值较小，而且心流之间的差异只是边缘显著。换句话说，完成容易任务和困难任务时，高、低特质焦虑被试间的心流体验差距较大，完成中等难度任务时，双方的心流体验差距较小。

四、讨论

挑战与技能关系主效应显著。挑战低于技能时心流体验最高，其次是挑战与技能平衡，挑战高于技能时心流体验最低。随着任务难度增加，心流体验呈下降趋势，这与心流理论的观点不一致。我们可以从三个方面来分析上述研究结果。

第一，对"挑战低于技能"的界定不同。心流理论主张挑战与技能平衡时出现心流体验，挑战低于技能和挑战高于技能时分别出现无聊和焦虑。验证这一理论的实验研究通常用一个固定的挑战与技能平衡条件和强烈的厌倦（挑战远低于技能）及强烈的超负荷（挑战远高于技能）进行比较[145]，用这些极具代表性的实验条件得出的结果必然符合理论假设，而且心流体验随着任务难度的增加呈倒 U 形曲线[223-224]。在已有的以经典俄罗斯方块游戏为实验任务的研究中，游戏是用软件编写的，挑战低于技能的游戏任务中方块下落的速度极慢，足以让人产生无聊的感觉，研究结果也符合心流理论的观点。然而，本实验以掌上游戏机中的经典俄罗斯方块游戏为实验任务，挑战低于技能的任务 Speed 1 相比其他几项任务，方块下落速度是最慢的、最简单的，但是经典俄罗斯方块毕竟是一项有趣的游戏，对于打游戏技能偏低的被试来说，方块下落的速度慢给了被试充足的思考和操作时间，他们可以玩得很流畅，也感受到了心流体验。与电脑编程的极慢速游戏相比，Speed 1 属于偏慢，并没有给被试带来无聊的感觉。相比之下，本实验中的"挑战低于技能"应该是"挑战略低于技能"，如果本实验增加一个令人无聊的极慢速俄罗斯方块游戏任务作为实验条件，挑战远低于技能时心流体验是极低的，这样心流体验随着任务难度增加也呈倒 U 形曲线。因此，笔者认为本实验结果与心流理论不一致，并不是与心流理论矛盾，而是反映了心流理论中的一部分，原因在于对挑战与技能关系（或者主观任务难度）的界定缺乏严格的操作性定义，目前的研究只是简单地根据二者的相对大小来判定任务的类型，无法准确衡量挑战和技能相差的程度。所以，同样是挑战低于技能，有的研究中挑战远低于技能，活动任务让被试感受到无聊、冷漠，几乎没有心流；有的研究中挑战略低于技能，活动任务让被试感受到高度的胜任感、掌控感，能获得心流体验。

根据心流理论三通道修正模型，挑战与技能平衡时才会引发心流体验。但是，在纷繁复杂的现实生活中，个体所从事活动任务的挑战水平与自己技能水平相当是一种理想化的状态，我们的切身体会是活动任务在自己力所能及的范围内就容易引发心流体验，比较容易的任务轻松搞定，比较困难的任务经过努力取得成功，也会带来心流体验。正如本实验的结果，挑战略低于技能（任务比较容易）时，引发的心流体验更高。当然，本实验限制了被试的打游戏技能为中等水平，如果被试都是打游戏高手，有可能挑战略高于技能（任务比较难）时，引发的心流体验最强，就像经验丰富的国际象棋棋手在网络上与比自己等级高的对手下棋时心流体验最高[75]。已有实证研究表明，挑战略高于技能和挑战略低于技能都可以引发心流体验，如玩家打电脑游戏[145]、员工在工作中[225]，都表现为挑战略高于技能比二者平衡时引发的心流体验更高。运动员在低挑战高技能时也会出现心流体验[226]。Løvoll 和 Vittersø 的研究表明，挑战与技能略微不平衡（挑战略高于技能或挑战略低于技能）比挑战与技能平衡能更好地预测心流体验[153]。据此，笔者认为挑战与技能平衡、挑战略低于技能、挑战略高于技能都可以引发心流体验，心流体验是一个比较宽的区域，称其为心流区，个体的个性特征、技能水平、兴趣、动机、活动结果的重要性、任务的复杂程度等多种因素都会引起个体在挑战与技能平衡或接近平衡的条件下出现心流体验，如果挑战远高于或远低于技能，个体几乎没有心流体验，而是出现焦虑或无聊。

第二，从被试主观心理感受的视角来看，本实验中的实验任务是备受大学生喜欢的游戏机游戏，个体在完成自己喜欢的活动任务时会非常投入，乐在其中，在完成挑战低于技能的任务时，会产生胜任感和愉悦感，而不是无聊感。方块下落速度慢，被试有相对较多的时间旋转方块并选择恰当的位置嵌入，有更多排满整行的方块被消除掉，仅留下很少的几行方块，被试觉得自己的操作表现很好，任务引发的掌控感和愉悦感强，心流体验高。王舒的研究发现，被试完成低难度的学习任务时，正确率高，心情好，心流体验更高[154]。一项以学习统计学和外语为实验任务的心流研究也发现，如果被试对成绩的关注度很高，技能高于挑战时心流体验最高，也更令人愉悦[38]。由此可知，完成容易任务时特质焦虑个体的焦虑水平会减弱，内心逐渐趋于安宁有序，心流体验相对较高；而从事中等难度和困难任务时，特质焦虑个体的焦虑水平会增强，意识更加混乱无序，心流体验下降。

第三，从注意力空间的视角来分析。贝利在《专注力：心流的惊人力量》[227]一书中提到，注意力空间大小是由工作记忆容量决定的，工作记忆容量越大，大脑能够同时容纳的信息就越多，处理复杂任务的能力越强，专注于复杂任务时走神的情况也就越少。注意力空间越大，就有越多的注意力去思考接下来要做什么，呼应最初的目标，还可以在人走神或分心后充分利用未被使用的注意资源来帮助人很快地回归目标。任务复杂度越高，对注意、记忆等认知加工资源的需求也就越大。结合被试分享的在实际操作时的感受，我们推测挑战高于技能时被试的注意力空间不足，个体来不及思考下落的方块变换成什么形状及嵌入哪个位置最理想；挑战与技能平衡时被试的注意力空间刚好用来应对任务，个体能够使方块完美地嵌入某个位置，但是来不及看屏幕右侧预报的下一个即将降落的方块；挑战略低于技能时被试的注意力空间充足，个体除了把正在下落的方块完美地放置好，还可以用剩余的少量注意资源来提前看接下来降落的方块是什么形状，并且提前计划将其变换成什么形状，放在什么位置最佳，当方块降落后能明确地按照预期去操作，从容不迫，对任务的控制感和成就感很高，心流体验也最强；当挑战远低于技能时，被试的注意力空间过剩，多余的注意空间会被无关刺激吸引。除此之外，有研究发现挑战与技能平衡对心流体验的影响受到感知重要性的调节作用，对于很重要的活动，即使技能超过了挑战，个体也能体验到心流，而不是无聊[38]，这是因为对于重要的活动，个体的重视程度高，注意力更集中，投入的注意资源也更充足。也就是说，个体只要在活动任务中注意力集中，投入充足的注意资源，完成容易的任务也能进入心流状态。值得重视的是，本实验中挑战低于技能的任务与以往的研究有所不同：一方面，该任务是打游戏，被试比较喜欢；另一方面，该任务的主观难度虽然被评定为容易，但是与其他用软件编写的俄罗斯方块游戏中的容易任务相比算是比较容易，方块下落的速度没有慢到让人觉得无聊的地步。有研究表明，玩家最喜欢的游戏任务是他们的表现只比对手稍好些，以更大的优势胜过对手并不令人愉悦[228]。换句话说，比较容易的任务最令人愉悦，很容易的任务并没有愉悦感。

特质焦虑主效应显著，低特质焦虑组的心流体验显著高于高特质焦虑组的心流体验。可能的原因是低特质焦虑组被试注意力更加集中，能更加专注地投入当下的活动任务中；高特质焦虑个体经常担忧，也在意评价，这会使他们在完成任务时注意力很容易分散到其他与任务无关的刺激上。在玩俄罗斯方块游戏时，个体每操作一步都会得到及时的反馈，如游戏机界面上积累的方块越来越高以致出现"Game Over"、方块一行一行消失了、游戏得分，这些都反映了被试的操作表现，而高特质焦虑个体会下意识地根据反馈信息评价自己的操作表现。有研究表明，高特质焦虑个体存在负性注意偏向 [219]。据此，我们认为高特质焦虑个体在玩游戏时，会格外在意自己不佳的操作表现，进而引发对自己的负面评价和不愉快情绪，注意力不集中，心流体验低。该结果也得到了其他研究的支持，有学者发现高特质焦虑个体难以把注意力持续地集中于给定的任务上，他们对威胁性刺激存在注意偏好，会在环境中持续搜寻与负性评价有关的信号，把一部分注意资源分配在与自身相关的信息上，且很难把注意从这些信号上转移开，使对给定任务分配的注意资源不足 [229]，这必然使被试完成任务的心流体验降低。加工效能理论也提出，焦虑占用了认知资源，使用于当前任务的注意资源不足 [31]，这会导致个体在完成当前任务时注意力不集中，不利于进入心流状态。

完成挑战低于技能和挑战高于技能的任务时，两组被试的心流差值较大；完成挑战与技能平衡的任务时，两组被试的心流体验差值较小。可能是因为完成容易任务时，被试的注意力资源有剩余，一部分注意力分散到与当前任务无关的事物上了；完成困难任务时，被试感觉自己难以胜任，担心自己表现不好，一部分注意资源分配到了与自我评价有关的信息上，出现了自我聚焦现象，使用于完成任务的注意力资源不足。显然，在完成容易任务和困难任务时，被试的注意力不容易集中，而高特质焦虑个体更容易分心，所以在完成容易任务与困难任务时，两组被试的心流体验差距都比较大。当完成挑战与技能平衡的任务时，被试觉得自己只要认真对待就能够胜任当前的任务，会把注意力尽可能地集中于当前的任务上，两组被试完成任务时心流体验差距较小。

综上所述，挑战与技能关系是影响心流体验的一个前提条件，实验的任务是有趣的俄罗斯方块游戏，被试是大学生，普遍喜欢玩游戏。当被试的技能水平高于挑战水平时，被试能清楚地意识到下一步该如何操作并自动完成，胜任感强，完成任务的表现好，心情愉悦，心流体验更高。特质焦虑对心流体验的主效应显著，其本质是个体的注意力对心流体验产生了影响，高特质焦虑个体的注意力容易被负性刺激、与自身评价有关的刺激吸引，而且较难从此类刺激中解除注意，在完成任务时难以全身心地投入其中，所以心流体验低。也就是说，高特质焦虑个体的注意力集中水平低，使其心流体验较低。由此可见，我们有必要从注意力的视角来探讨影响心流的因素。

五、小结

挑战与技能关系是影响心流体验的前提，挑战低于技能的任务（容易任务）引发的心流体验最强；高特质焦虑个体的心流体验显著低于低特质焦虑个体的心流体验。

第三节　注意力对特质焦虑个体心流体验的影响（子研究2）

元分析2推测注意力集中是引发心流体验的前提条件，属于主观心理因素。研究一发现挑战与技能平衡是引发心流体验的前提条件，属于客观环境因素，可以从注意力视角做出解释。因此，子研究2将通过实证研究检验注意力对心流体验的影响，确认二者之间的因果关系，进而揭示引发心流体验的心理机制。

一、注意力集中对特质焦虑个体心流体验的影响（子研究 2a）

（一）研究目的

本实验的目的是检验"注意力集中是心流体验发生的前提条件"是否成立。注意资源理论认为，人的注意资源是有限的，如果同时完成多项任务，每项任务都会占用注意力资源[21]。在本实验中，实验组在完成实验任务的过程中，还要求听普通话朗读课文音频，用来分散被试的注意力，使其注意力不集中；对照组只是按同样的要求完成实验任务。显然，实验组被试需要同时完成两项任务，这会使完成实验任务的注意资源不足，心流较低。因此，我们可以预期对照组注意力集中，心流体验更高；实验组注意力不集中，心流体验更低。已有研究发现，高特质焦虑个体存在负性注意偏向，即使面临的不是威胁刺激，只是不确定信息，个体也会出现无法控制的担忧、走神，不能把注意力集中在当前活动任务上[28]。普通话朗读音频作为一种干扰物，会使人分心，不能集中注意力完成实验任务，这对高特质焦虑个体的负面影响可能更大，会使其心流体验下降。

（二）研究方法

1. 被试

本实验按照子研究 1 的方法选被试，首先用特质焦虑量表从某高校大一、大二学生中筛选高、低特质焦虑的被试，然后排除打游戏技能很高和很低的被试，最后有 45 名高特质焦虑被试（男生 6 人，女生 39 人）和 41 名低特质焦虑被试（男生 3 人，女生 38 人）参与本实验。86 名被试的平均年龄为 19.88 ± 0.85 岁。高特质焦虑组的特质焦虑平均分为 53.22 ± 4.34，低特质焦虑组的特质焦虑平均分为 35.93 ± 3.03，t 检验结果表明二者的特质焦虑得分差异显著，$t_{(84)}=-36.74$，$p<0.001$。本实验把高、低特质焦虑的被试平分到实验组和对照组，实验组被试在完成任务的同时能听到普通话朗读声音，使其注意力不集中，其中高特质焦虑被试 22 人，低特质焦虑被试 21 人；对照组中高特质焦虑被试 23 人，低特质焦虑被试 20 人。被试的视力或矫正视力正常，双手能灵活操作游戏机，没有参加过类似实验。

2. 测量工具与实验材料

本实验采用状态特质焦虑量表中的特质焦虑量表（T-AI）和刘微娜修订的《简化状态流畅量表》，具体内容同子研究 1。

本实验准备了 60 份普通话朗读音频材料（均无背景音乐），实验要求被试选择自己学过的课文，所有被试都学过的课文有 12 篇；按照文章题材将课文分为人物、景物、动物、事物四类，为了保证音频材料的高同质性，经过共同讨论我们排除了情感色彩较浓的人物类文章以及数量不足 3 篇的动物类和事物类文章，保留了描述自然景物的文章 7 篇；这些音频材料是由一位男士和一位女士朗读的，选择由同一个人朗读且时长在 3 分至 3 分 10 秒的音频；最后把符合以上条件的 3 份普通话朗读音频作为实验材料，包括《济南的冬天》、《第一场雪》和《野草》。

本实验还准备了小型掌上游戏机，其中俄罗斯方块游戏任务包括 Speed 1、Speed 5 和 Speed 8。

3. 实验设计与程序

本实验采用 2（特质焦虑：高、低）×2（注意力：集中、不集中）×3（挑战与技能关系）三因素混合实验设计。特质焦虑、注意力为组间变量，挑战与技能关系为组内变量，分为挑战低于技能（Speed 1）、挑战与技能平衡（Speed 5）、挑战高于技能（Speed 8）三种类型的任务。被试先熟悉游戏机的操作方法，主试宣读注意事项，三种游戏任务按照拉丁方顺序排列，每种游戏任务3分钟，如果时间未到3分钟就出现"Game Over"，被试需要自行调到刚才玩的游戏级别上，继续完成任务。每种类型的游戏任务结束后，被试都要求马上填写《简化状态流畅量表》。其中，实验组被试在完成每一种任务的3分钟里，还要求听同步播放的普通话朗读音频，以分散其注意力。选好的3个音频材料随机播放，但不重复播放，保证每位被试在完成3种任务的同时，也听到了3个不同的音频内容。

（三）研究结果

高、低特质焦虑个体的心流体验依次为31.33±0.37，33.75±0.39；被试在注意力集中、不集中时的心流体验依次为34.40±5.03，30.65±5.11；被试在挑战低于技能、挑战与技能平衡、挑战高于技能三种条件下的心流体验依次为35.13±5.10，32.99±4.67，29.39±4.81。特质焦虑、注意力、挑战与技能关系三个自变量对心流体验影响的描述性统计结果见表4-6。

表4-6　特质焦虑、注意力、挑战与技能关系对心流体验影响的描述性统计

特质焦虑	注意力	挑战与技能关系	n	M	SD
低特质焦虑	注意力集中	挑战低于技能	20	38.55	4.01
		挑战与技能平衡	20	35.80	5.13
		挑战高于技能	20	32.35	5.51
	注意力不集中	挑战低于技能	21	34.57	4.43
		挑战与技能平衡	21	32.85	3.90
		挑战高于技能	21	28.38	3.93

续　表

特质焦虑	注意力	挑战与技能关系	n	M	SD
高特质焦虑	注意力集中	挑战低于技能	23	36.13	3.61
		挑战与技能平衡	23	33.78	3.52
		挑战高于技能	23	29.78	3.47
	注意力不集中	挑战低于技能	22	31.27	5.50
		挑战与技能平衡	22	29.72	4.22
		挑战高于技能	22	27.27	4.93

从表4-6中可知，低特质焦虑被试在注意力集中地完成容易任务时，心流体验最高；高特质焦虑被试在注意力不集中的条件下完成困难任务时，几乎没有心流体验。这是心流体验出现的两种特殊情况。高特质焦虑被试在注意力集中的条件下，完成三种任务时都出现了心流体验，其中完成挑战低于技能的任务时心流体验比较高。该研究结果是令人激动的，与我们在实验前采访高特质焦虑个体时，他们对自己的心流体验的描述一致。这是因为被试完成同样的实验任务，当周围出现干扰物使注意力不集中时，高特质焦虑被试受到的负面影响更大，其心流体验明显低于低特质焦虑被试的心流体验，尤其是完成挑战大于技能的任务时，高特质焦虑个体可能处于一种焦虑、烦躁的状态。在其他几种条件下，心流体验得分各不相同，反映了心流体验不是"有"或"无"式的，而是表现为不同的深度。

以特质焦虑、注意力、挑战与技能关系为自变量，心流为因变量的方差分析结果表明，特质焦虑对心流体验的主效应显著，$F_{(1, 246)}=19.60$，$p<0.001$，偏$\eta^2=0.07$，低特质焦虑被试的心流体验（33.75 ± 0.39）高于高特质焦虑被试的心流体验（31.32 ± 0.37）；注意力对心流体验的主效应显著，$F_{(1, 246)}=46.16$，$p<0.001$，偏$\eta^2=0.16$，注意力集中时的心流体

验（34.39±0.38）高于注意力不集中时的心流体验（30.68±0.38）；挑战与技能关系主效应显著，$F_{(2, 246)}$=36.79，$p<0.001$，偏η^2=0.23，挑战低于技能时的心流体验（35.13±0.47）显著高于挑战与技能平衡时的心流体验（33.04±0.47）和挑战高于技能时的心流体验（29.44±0.47），挑战与技能平衡时的心流体验显著高于挑战高于技能时的心流体验。三个自变量彼此间不存在交互作用。

低、高特质焦虑组在不同注意力集中水平下完成任务的心流体验如图4-2所示。高、低特质焦虑被试无论注意力集中水平如何，其心流体验都随着任务难度的增大而呈现下降趋势。高、低特质焦虑被试无论完成哪种类型的任务，都表现出注意力集中时的心流体验显著高于注意力不集中时的心流体验。在任务难度和注意力条件都相同的情况下，低特质焦虑被试的心流体验显著高于高特质焦虑被试的心流体验。

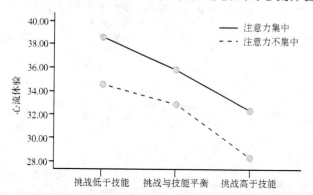

（a）　低特质焦虑组在不同注意力集中水平下完成任务的心流体验

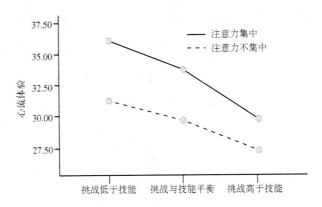

（b）　高特质焦虑组在不同注意力集中水平下完成任务的心流体验

图 4-2　低、高特质焦虑组在不同注意力集中水平下完成任务的心流体验

为了更直观明了地了解注意力对高、低特质焦虑被试心流体验的影响，我们以注意力和特质焦虑为自变量，心流体验为因变量进行方差分析。结果表明，注意力对心流体验的主效应显著，$F_{(1, 254)}=36.39$，$p<0.001$，偏 $\eta^2=0.13$，注意力集中时的心流体验显著高于注意力不集中时的心流体验；特质焦虑对心流体验的主效应显著，$F_{(1, 254)}=15.46$，$p<0.001$，偏 $\eta^2=0.06$，低特质焦虑被试的心流体验显著高于高特质焦虑被试的心流体验；特质焦虑与注意力的交互作用不显著，$F_{(1, 254)}=0.02$，$p>0.05$。特质焦虑和注意力对心流体验的影响如图 4-3 所示。

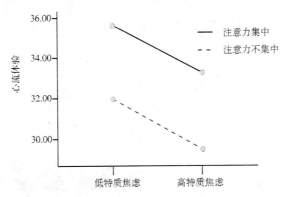

图 4-3　特质焦虑和注意力对心流体验的影响

高、低特质焦虑被试都表现出注意力集中时心流体验高，注意力不集中时心流体验低，尤其是高特质焦虑个体，当外部干扰使其注意力不集中时，心流体验很低（29.42±5.11）。在注意力条件相同的情况下，低特质焦虑被试的心流体验高于高特质焦虑被试的心流体验。高特质焦虑被试在注意力集中时的心流体验（33.23±4.37）高于低特质焦虑被试在注意力不集中时的心流体验（31.93±4.81）。

（四）讨论

高特质焦虑被试在注意力集中地完成容易任务时，心流体验最高；在注意力不集中的条件下完成困难任务时几乎没有心流体验；在其他几种条件下，心流体验深度各不相同。该研究结果不仅说明心流体验不是"有"或"无"式的，而是表现为不同的强度，有深浅、强弱之分，而且证明了高特质焦虑个体是有心流体验的，只是在同等条件下其心流水平要比低特质焦虑个体低。

三个自变量的主效应都显著，其中特质焦虑和挑战与技能关系的主效应我们在子研究 1 中已做了详细讨论，此处不再赘述，重点讨论注意力对心流体验的主效应。实验组被试在完成游戏任务的同时，还要求听普通话朗读音频，这会使其注意力不集中。卡尼曼（Kahneman）认为，注意资源和容量是有限的，识别刺激需要注意资源，刺激越复杂需要的注意资源越多，当同时进行两项以上的活动时，多项认知任务就会竞争有限的注意资源，只有这些活动所需的注意资源之和不超过总的注意资源时，活动才能同时进行 [21]。由此理论可知，实验组被试在完成任务时，普通话朗读声音占用了一部分注意资源，使用于完成游戏任务的注意资源减少，个体的注意力没有完全集中在当前的任务上，难以达到专注的水平，心流体验较低。

值得注意的是，实验指导语要求被试认真完成任务，普通话朗读声音的出现可能会引起实验组被试的胡思乱想，让他们觉得朗读声音会影响自己操作，担心自己的任务完成得不好，进而诱发焦虑情绪。在焦虑情绪的影响下，个体头脑中可能会出现更多与当前任务无关的负性想法，继续增强焦虑情绪。由此可见，外部干扰引起的负性想法会与焦虑形成循环增强效应，导致注意力不集中，心流体验较低。总而言之，朗读声音作为一个刺激，占用了一部分认知资源，由该刺激诱发的焦虑和负性想法也会占用一部分注意资源，使用于完成实验任务的注意资源不足，导致注意力不集中，心流体验较低。

高特质焦虑被试在注意力不集中的情况下心流体验很弱。认知干扰理论认为，焦虑会使个体产生担心、自我关注等想法，这些与当前任务无关的想法占用了注意资源，使个体不能集中注意力完成当前任务，进而对操作表现造成了负面影响[29]。对于高特质焦虑个体来说，其个性本身就倾向于焦虑，他们会在环境中持续搜寻与负性评价有关的信号，引发与自我相关的干扰性思维，使注意力从当前任务上分散到其他无关刺激上，注意力不集中，心流体验较低。当高特质焦虑被试处于有外部干扰的环境中，注意力受到干扰时，外部干扰物和焦虑引起的内部干扰（负面情绪、负面想法）会占用更多的注意资源，导致个体完成当前任务的注意资源匮乏，操作表现和心流体验都会下降。

综上所述，注意力集中是影响心流体验的重要因素，如果想增加特质焦虑个体的心流体验，除了从事简单的任务，还可以通过提高注意力集中水平来实现，这就值得我们进一步思考如何才能使个体注意力集中。

（五）小结

根据以上结果与分析，我们可以得出：注意力对心流体验的主效应显著，被试在注意力集中时引发的心流体验显著高于注意力不集中时的心流；特质焦虑对心流体验的主效应显著，低特质焦虑者的心流体验高于高特质焦虑者；高特质焦虑个体在注意力集中的前提下可以诱发较高的心流体验；高特质焦虑个体更容易受到无关刺激的负面影响，导致其注意力不集中，心流体验很低。

二、注意焦点对特质焦虑个体心流体验的影响（子研究 2b）

（一）概述

有研究发现，被试在活动中关注任务与关注成绩（或表现）对心流体验有显著的影响，如在足球技能学习[230]、模拟驾驶[80]等活动任务中，被试的注意焦点是任务时获得的心流体验更高。个体以完成任务为目标时，就容易把注意力持续地集中于当前的任务上，注意力持续时间与心流体验正相关，注意力持续时间越长，心流体验就越高[231]。因此，我们将进一步从注意焦点的角度来探讨注意力对心流体验的影响，试图通过把个体的注意力聚焦在任务上，使其注意力更加集中，进而促进心流体验的出现。

关于注意焦点的研究主要集中在对运动技能的学习和表现方面，通常把注意焦点分为外部注意焦点和内部注意焦点。外部注意焦点是指关注动作效果，如高尔夫球手注意球杆的摆动，球类运动中运动员注意球的轨迹；内部注意焦点是指关注自己身体的某部分或自己的动作，如注意自己手臂的摆动。一项元分析研究表明，外部注意焦点对运动技能学习的影响显著优于内部注意焦点[230]。原因可能是内部注意焦点会引起个体对自己的动作表现进行评价和调节，激活了个体的自我意识，干扰了动作的自动化过程，使运动技能的学习和表现受到阻碍；外部注意焦点把注意力聚焦在任务上，无暇顾及自我意识，动作技能的学习是自动调节控制的，有利于运动技能的表现[232-233]。

个体进入心流状态后，具有自我意识丧失、行动与意识融合、专注等特征，感到活动任务自具奖励性，能带来愉悦感和享受感[234]，在这种状态下，个体会尽最大努力完成任务，运动表现更好。显然，个体在心流状态和外部注意焦点条件下都有专注和自我意识减弱这些特征。Dietrich 研究发现，处于心流状态的人自我意识消失，没有担心失败的想法或其他杂念，其前额叶功能下降，相应皮层区域的激活减少，注意资源被用来放大手头的任务，直到它成为工作记忆缓冲区的唯一内容，起到了排除其他信息侵入的作用，人们感到自己对手头的任务有很大的控制力[235]，活动任务是在无意识的情况下自动处理的，这种状态使内隐系统能够以最高的技能水平和最高的效率执行任务。该研究从认知神经科学的角度为心流体验与外部注意焦点在意识层面的特点提供了证据。

以上观点表明，心流体验与外部注意焦点之间的关系密切。有学者尝试探索注意焦点与心流体验之间的因果关系，他们在一项模拟驾驶任务中，要求参与者坐在赛车游戏的座椅上，通过操纵方向盘和踏板，来完成屏幕上的赛车比赛任务，用眼动追踪眼镜来记录眼球运动；外部聚焦组被试要求开车时眼睛盯着路面，注意力集中在要去的地方，以减少分心；内部聚焦组被试要求开车时眼睛盯着路面，注意力集中在方向盘和手上，有助于平稳地驾驶。结果发现，外部聚焦组被试比内部聚焦组引发的心流体验更高[80]。这个结果说明，注意力集中在外部的目标任务上相比集中在内部的表现评价上更有助于促进心流体验的发生。但是，该研究仍存在不足，两组被试都要求盯着路面，注意焦点操作不严谨，研究结果容易受到质疑。

本实验使用小型掌上游戏机完成俄罗斯方块游戏任务，来探索注意焦点与心流体验的因果关系。实验中我们把注意焦点作为操作变量，外部注意焦点是游戏任务本身，即把下落的方块嵌入已有的底层方块中，拼完整一行使其消除；内部注意焦点严格地说是大拇指的按键操作，但是游戏机小，按钮和屏幕上降落的方块挨得很近，二者可以同时呈现在视野范围内，可能引起内部注意焦点和外部注意焦点对心流体验影响的混淆。由于外部注意焦点就是消除方块任务，不能替换，因此本实验需要探寻与内部注意焦点有相同作用机制的其他注意目标。

在目标定向理论的早期研究中，目标定向分为学习目标定向（也称掌握目标定向）和成绩目标定向（也称表现目标定向）。学习目标定向占优势的个体会把注意力集中在对任务的掌握上，关注对目前任务的完成情况；成绩目标定向占优势的个体会把注意力集中在对自己的能力或表现的评价上，有意展示自己的才能，并通过与别人比较来判断自己的能力，自我卷入程度高，其行为过程容易被无关因素干扰[236]。显然，学习目标定向与外部注意焦点都把注意力集中在任务上，具有任务卷入的特点；成绩目标定向和内部注意焦点都把注意力集中在对自己表现的评价上，具有自我卷入的特点。据此推测成绩目标定向和内部注意焦点对心流体验的影响会产生类似的效果。因此，在本实验中，我们把内部注意焦点定为游戏机屏幕右上角的成绩，被试每消除一层方块，得分就会增加。

综上所述，子研究 2a 发现注意力集中是影响心流体验的重要因素，子研究 2b 的目的是进一步考察注意焦点对心流体验的影响，即注意力集中在任务上与注意力集中在成绩上对心流体验的影响。预期注意焦点为任务时引发的心流体验高于注意焦点为成绩时的心流体验。

（二）研究方法

1.被试

本实验按照子研究 1 的方法选被试，首先用特质焦虑量表从某高校大一、大二学生中筛选高、低特质焦虑的被试，然后排除打游戏技能很高和很低的被试，最后有 56 名高特质焦虑被试（男生 4 人，女生 52 人）和 57 名低特质焦虑被试（男生 8 人，女生 49 人）参与本实验。113 名被试的平均年龄为 20.22 ± 0.98 岁。高特质焦虑组的特质焦虑得分为 53.66 ± 4.59，低特质焦虑组的特质焦虑得分为 35.46 ± 3.34，t 检验结果表明二者的特质焦虑得分差异显著，$t_{(111)} = -41.78$，$p < 0.001$。高（低）特质焦虑组的特质焦虑平均分高于（低于）常模 43.3。高、低特质焦虑的被试各有一半把注意力聚焦在任务上，另一半把注意力聚焦在成绩上。所有被试的视力或矫正视力正常，双手能灵活操作游戏机，没有参加过类似实验。

2.测量工具与实验材料

本实验采用状态特质焦虑量表中的特质焦虑量表（T-AI）和刘微娜修订的《简化状态流畅量表》，具体内容同子研究 1。

实验材料为小型掌上游戏机，其中俄罗斯方块游戏任务包括 Speed 1、Speed 5 和 Speed 8。注意焦点为任务的被试在完成三项游戏任务的过程中，用黑色胶布遮挡游戏机屏幕右上角的成绩区域。

3.实验设计与程序

本实验采用 2（特质焦虑：高、低）× 2（注意焦点：任务、成绩）× 3（挑战与技能关系）三因素混合实验设计。特质焦虑、注意焦点为组间变量，挑战与技能关系为组内变量，分为挑战低于技能（Speed 1）、挑战与技能平衡（Speed 5）、挑战高于技能（Speed 8）三种类型的任务。被试熟悉游戏机的操作方法后，主试宣读实验指导语，要求被试在完成游戏任务的过程中，把注意力集中在下落的方块上或右上角的成绩上。三种游戏任务按照拉丁方顺序排列，每种游戏任务3分钟，如果时间未到3分钟就出现"Game Over"，被试需要自行调到刚才玩的游戏级别上，继续完成任务。每种类型的游戏任务结束后，被试都要求马上填写《简化状态流畅量表》。

（三）研究结果

以特质焦虑、注意焦点、挑战与技能关系为自变量，心流体验为因变量进行方差分析的结果表明，特质焦虑对心流体验的主效应显著，$F_{(1, 327)}$=63.09，$p<0.001$，偏η^2=0.16，低特质焦虑被试的心流体验（33.59±0.27）显著高于高特质焦虑被试的心流体验（30.46±0.28）；注意焦点的主效应显著，$F_{(1, 327)}$=155.31，$p<0.001$，偏η^2=0.32，注意焦点为任务时引发的心流体验（34.48±0.27）显著高于注意焦点为成绩时引发的心流体验（29.57±0.28）；挑战与技能关系主效应显著，$F_{(2, 327)}$=64.47，$p<0.001$，偏η^2=0.28，多重比较结果显示，挑战低于技能时引发的心流体验（34.62±0.34）显著高于挑战与技能平衡引发的心流体验（32.30±0.34）和挑战高于技能时引发的心流体验（29.16±0.34），挑战与技能平衡时引发的心流体验显著高于挑战高于技能时引发的心流体验。三个自变量彼此间没有交互作用。

低、高特质焦虑组在不同注意焦点下完成任务的心流体验如图4-4所示。低、高特质焦虑被试无论注意焦点是什么，其心流体验都随着任务难度的增大而呈现下降趋势。低、高特质焦虑被试无论完成哪项游戏任务，都表现出注意焦点为任务时的心流体验显著高于注意焦点为成绩时的心流体验。在挑战与技能关系和注意焦点条件都相同的情况下，低特质焦虑被试的心流体验显著高于高特质焦虑被试的心流体验。

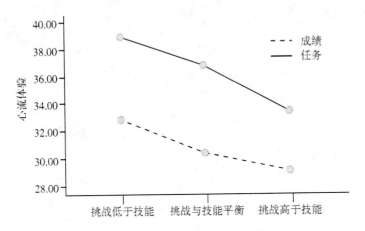

（a） 低特质焦虑组在不同注意焦点下完成任务的心流体验

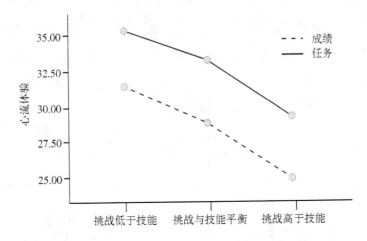

（b） 高特质焦虑组在不同注意焦点下完成任务的心流体验

图 4-4 低、高特质焦虑组在不同注意焦点下完成任务的心流体验

为了更直观地了解注意焦点对高、低特质焦虑被试心流体验的影响，我们以注意焦点和特质焦虑为自变量，心流为因变量进行方差分析。结果发现，注意焦点对心流体验的主效应显著，$F_{(1, 335)}$=112.26，p<0.001，注意焦点为任务时的心流体验（34.48±0.32）远高于注意

焦点为成绩时的心流体验（29.57±0.33）；特质焦虑对心流体验的主效应显著，$F_{(1, 335)}$=45.61，$p<0.001$，低特质焦虑被试的心流体验（33.59±0.32）显著高于高特质焦虑被试的心流体验（30.46±0.33）；特质焦虑与注意焦点的交互作用不显著，$F_{(1, 335)}$=2.26，p=0.13；低特质焦虑被试的注意力聚焦于任务时引发的心流体验（36.40±4.37）是最高的，高特质焦虑被试以任务为注意焦点时引发的心流体验（32.57±4.36）高于低特质焦虑被试以成绩为注意焦点时引发的心流体验（30.79±3.51），高特质焦虑被试以成绩为注意焦点时引发的心流（28.35±4.68）最低。特质焦虑与注意焦点交叉组合构成的四种条件所引发的心流体验从高到低依次为低特质焦虑—关注任务、高特质焦虑—关注任务、低特质焦虑—关注成绩、高特质焦虑—关注成绩。

特质焦虑与注意焦点对心流体验的影响如图4-5所示。结果表明，高、低特质焦虑被试都表现出把注意力集中在任务上时心流体验高，注意力集中在成绩上时心流体验低；在相同的注意焦点条件下，低特质焦虑被试的心流体验高于高特质焦虑被试；高特质焦虑被试把注意力集中在成绩上时，几乎没有心流体验。

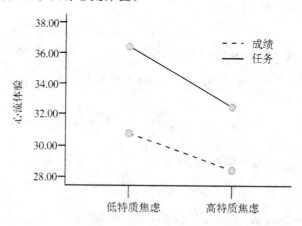

图4-5　特质焦虑与注意焦点对心流体验的影响

（四）讨论

我们在子研究 2a 中发现，个体的注意力集中时产生的心流体验显著高于因受到外部干扰而注意力不集中时的心流体验。本实验进一步发现，个体的注意力集中在任务上时引发的心流体验显著高于注意力集中在成绩上时引发的心流体验。我们凭借生活经验会主观认定低特质焦虑个体的心流体验总是高于高特质焦虑个体的心流体验，甚至质疑高特质焦虑个体会出现心流体验。本实验却发现，高特质焦虑个体以任务为注意焦点时引发的心流体验高于低特质焦虑个体以成绩为注意焦点时引发的心流体验。可以确定地说，高特质焦虑个体也会感受到心流体验，引导高特质焦虑个体把注意力集中在任务上，可以促进其心流体验的出现；即便是低特质焦虑个体，如果把注意力集中在成绩上，也会干扰其活动的自动化过程，阻碍心流体验的发生。当注意焦点是成绩时，高特质焦虑个体的心流体验最弱。针对以上研究结果，可能的原因如下。

第一，根据前面提到的内、外部注意焦点的研究结果可以得知，个体把注意力集中在任务上时，会全身心地投入在任务中，有利于活动任务的自动化操作，其自我意识减弱，甚至沉浸在忘我的状态中，引发了较深的心流体验；个体把注意力集中在成绩上时，会在意自己的表现，希望自己超越他人，通过与他人的比较来展现自己的能力，自我意识活跃，可能会刻意地调节自己的操作过程，干扰了任务的自动化控制过程，不仅会阻碍操作表现，也会使心流体验降低。Sarason 发现，专注于任务的实验可以减少自我关注的干扰性思维[29]。这意味着把注意力集中在任务上，可以减弱自我意识，有助于出现心流体验。有研究发现，把注意力聚焦于外部可能会有助于引发心流体验[237]。还有学者提出，心流体验是由专注于任务和远离自我意识的注意力支撑的[66]。这些研究都支持了本实验的结果。

第二，成就目标理论认为，成就目标是个体在情境中追求成就的原因，包括掌握目标定向和成绩目标定向两种取向。掌握目标定向的个体认为成就的意义是超越自我，他们喜欢有挑战性的任务，关注的是通过完成任务来获得技能、提高自我，即便面对失败，也能够积极地应对，继续专注于当前的活动；成绩目标定向的个体认为成就是对自己能力的检验，他们喜欢对自己的表现进行比较，关注别人对自己的评价，面对失败容易产生焦虑、厌倦、自卑等消极情绪[238-240]。掌握目标定向与本实验中注意焦点为任务有类似之处，都强调专注于当前的活动任务；成绩目标定向与注意焦点为成绩都唤醒了个体的自我意识，个体会对自己的表现进行比较和评价，分散了注意力，如果自己表现不佳还会引发焦虑、自我否认等负面情绪，消耗更多的注意资源，阻碍心流体验的出现。

第三，Corbetta 和 Shulman 认为个体存在两种注意系统，包括自上而下的目标导向的注意系统和自下而上的刺激驱动的注意系统[33]。在本实验中，当个体把自己的注意力集中在任务上时，游戏本身就提供了一个指向目标的外部注意焦点，个体会根据行为目标来主动引导实验任务的操作过程，目标导向的注意系统占优势地位；当个体把注意力集中在成绩上时，游戏的得分会影响个体对自己以及当前任务表现的认知评价和操作策略，如果屏幕下方积累的方块层较高而游戏得分较低，被试会主动选择重新开始本关游戏，以获得高分和对自己能力的认可，显然关注成绩时刺激驱动的注意系统占主导地位。刺激驱动的注意系统会使个体去关注与完成当前任务无关的其他信息或关注妨碍任务进行的分心刺激，进而产生干扰性思维，不能专注地完成任务，心流体验较低；目标导向的注意系统会使个体在任务目标的指引下，按部就班地完成任务，注意力更加集中，心流体验更强。

第四，限制行动假说提出，参与者把注意力集中在动作本身（内部注意焦点）上时，会有意识地调节自己的运动，可能干扰自动运动控制过程的正常调节，限制自己的运动系统，扰乱自组织过程，使运动表现和学习下降；参与者把注意力集中在运动效果（外部注意焦点）上时，有利于运动系统的自动化控制过程和更加自然的自组织过程，减少了意识控制，有助于产生更有效的运动表现和技能学习[233, 214-242]。运动系统存在高频率、低幅度的波动，但整体上保持稳定，运动系统中有意识的控制过程和自动化过程之间存在着一种微妙的平衡，这种平衡在保持运动系统的稳定中发挥作用。内部注意焦点是接近身体的东西，会对参与者相对自动化的控制过程产生干扰，使运动系统的自由度受到限制，其速度和效率保持相对稳定的能力被轻微削弱。内部注意焦点会导致有意识的控制，当参与者有意识地干预控制过程时，平衡会受到干扰或者远离平衡；当参与者的注意力被外部注意焦点或远离身体的东西吸引时，允许运动系统发挥无意识与快速控制过程的优势，运动系统受到的干扰很少[233]。

对以上限制行动假说的相关观点进行简单的概括可得知：一是内部注意焦点会导致个体有意识地控制自己的运动，这种外显系统会干扰运动系统的自动化控制过程，阻碍运动表现，而外部注意焦点会使个体进入无意识的自动化运动控制状态，使内隐系统发挥了其高效、流畅的作用，促进了运动表现；二是运动系统具有稳定性，其中自动化控制占主导地位，有意识控制和自动化控制之间保持一种动态平衡状态，以维持运动系统的稳定性，内部注意焦点会破坏这种平衡，扰乱自动化控制和自组织过程，外部注意焦点会促进自动化和自组织过程。心流体验的发生过程正是个体的心理体验从混乱无序逐渐进入有序和谐的自组织过程，契克森米哈赖把心流体验的产生过程称为从精神熵发展到精神负熵的过程，属于自组织的过程 [32. 243]。综上所述，我们可以推断，注意焦点为任务能够促进个体无意识地、自动化地完成活动任务，也会促进心流体验的发生和自组织过程；注意焦点为成绩会破坏运动系统的稳定性，干扰自动化控制和自组织过程，妨碍心流体验的发生。

第五，注意控制理论认为，焦虑会损害目标导向的注意系统，使加工过程偏向于刺激驱动的注意系统 [244]。前面已阐述了外部注意焦点和注意焦点为任务都属于目标导向的注意系统，内部注意焦点和注意焦点为成绩均属于刺激驱动的注意系统。焦虑会导致个体目标导向的注意控制能力下降，注意力难以集中，心流体验降低，因此同样是以任务为注意焦点，高特质焦虑个体的心流体验低于低特质焦虑个体的心流体验。焦虑会使刺激驱动的注意系统占优势，个体容易把注意力从与任务相关的信息转向与任务无关的信息，无法专注地完成当前任务，妨碍心流体验的出现，所以注意焦点是成绩时，高特质焦虑个体比低特质焦虑个体更容易分心，头脑中会产生更多的干扰性思维，心流体验更弱。

（五）小结

根据上述分析，本实验得到以下结论：注意焦点为任务时引发的心流体验显著高于注意焦点为成绩时的心流体验；高特质焦虑个体以任务为注意焦点时引发的心流体验较高，高于低特质焦虑个体以成绩为注意焦点时引发的心流体验；高特质焦虑个体以成绩为注意焦点时引发的心流体验很低，几乎没有。

三、注意力集中在特质焦虑与心流体验关系间的调节作用（子研究2c）

（一）概述

子研究2a和子研究2b的结果表明，注意力集中程度会影响心流体验，注意力高度集中在任务上时，个体的心流体验更强。这两个实验证明了注意力集中与心流体验之间存在因果关系，但是研究的样本量偏小，有必要通过更大样本量的调查研究，来验证注意力集中对心流体验的作用。

前面已论述过特质焦虑与心流体验呈显著的负相关。此处需要强调的是，焦虑的认知成分是注意力分散和担忧，它对心流体验的负面影响非常大，会干扰或阻止心流体验的出现[129]。换言之，焦虑能负向预测心流体验。有研究发现，高特质焦虑会阻碍运动员心流体验的出现，因为高特质焦虑运动员心理能量的流动性和不确定性较强，其在紧张或担忧的情况下无法全身心地融入运动中，感受到心流体验的可能性较小[245]。

子研究 2a 还发现，注意力集中水平能正向预测心流体验，注意力集中水平越高，个体的心流体验也越高；反之，心流体验越低。有学者发现，那些经常体验到心流的人能更好地控制自己在任务间转移注意力的能力和保持注意力集中的能力[246]。可见注意力集中与心流体验是互相影响的。

注意力集中与特质焦虑的关系密切。一项以散打运动员为被试的研究发现，特质焦虑与注意力集中程度呈显著负相关（$r=-0.56$，$p<0.01$）[247]。还有研究发现，与低特质焦虑个体相比，高特质焦虑个体的注意力分散更为明显[248]；特质焦虑水平越高，注意力集中的能力就越差[249]。注意控制理论提出，焦虑会干扰目标导向的注意系统，使注意容易受到与任务无关信息的影响，高焦虑个体更容易被外界的无关刺激和内在的分心刺激干扰[32, 250]。因此，高特质焦虑个体的注意力控制更差，注意力集中程度也更低。总而言之，注意力集中与特质焦虑呈负相关，特质焦虑越高，注意力集中水平就越低，特质焦虑越低，注意力集中水平就越高。然而，有研究发现，注意力集中是一

种强有力的保护性因素，可以使特质焦虑对正性注意偏向的破坏作用减少[249]，有利于个体把注意力集中于目标活动，提高心流体验出现的可能性，即注意力集中能减弱特质焦虑的消极影响，促使个体把注意力集中于目标活动。

综上所述，高注意力集中个体能够把注意力有效地分配到目标活动上，专注于当下的任务，容易进入心流状态，缓解特质焦虑对注意力的干扰；而低注意力集中个体容易受到无关刺激的干扰，无关刺激会加剧特质焦虑造成的注意力分散，使个体的注意力难以集中在目标活动上，活动表现和感受欠佳，这在一定程度上放大了特质焦虑对心流体验的消极影响。据此推测，注意力集中可能会调节特质焦虑对心流体验的影响。

子研究 2c 的目的是检验特质焦虑能否负向预测心流体验以及注意力集中在特质焦虑与心流体验关系中是否具有调节作用，以了解注意力集中对特质焦虑个体心流体验的影响。

（二）研究方法

1. 被试

本实验采用整群抽样法，以班级为单位对某高校 1 700 名大一、大二、大三学生的特质焦虑、注意力集中、打游戏水平和每周平均打游戏时长进行团体施测。填写问卷前主试讲解指导语和注意事项，并告知会邀请符合实验条件的被试去参加实验，被试有知情权，自愿参加本实验，参与者有报酬。排除打游戏水平为 1 级、10 级（从低到高为 1～10级）的被试，而且排除几乎从不打游戏的被试和平均每周打游戏时间为 14 小时以上的被试后，有 442 人符合实验要求，最后有 410 人完成了俄罗斯方块游戏实验任务和心流量表，其中男生 58 人，女生 352 人。

2. 研究工具

本实验采用状态特质焦虑量表中的特质焦虑量表，包括 20 个条目，正向计分的有 10 项，反向计分的也有 10 项。本实验采用 Likert 1 ~ 4 计分方法，"1"表示"几乎没有"，"4"表示"几乎总是如此"，总分越高表示个体平常的焦虑水平就越高[222]。本实验中该量表的内部一致性系数为 0.89。

注意控制量表（Attentional Control Scale, ACS）包括注意力集中、注意力转移和想法控制三个维度。本实验只使用注意力集中分量表，该分量表包括 7 个题，采用五点计分法，"1"表示"从不"，"2"表示"极少"，"3"表示"有时"，"4"表示"经常"，"5"表示"总是"，7 个题中有 4 个题为反向计分，3 个题为正向计分[219, 251]。该分量表在本书中的内部一致性系数为 0.75。

《简化状态流畅量表》[96]调整后的游戏心流量表同预实验，在本实验中该量表的内部一致性为 0.80。

（三）研究结果

1. 共同方法偏差检验

本实验采用 Harman 单因素检验共同方法偏差效应，得到 10 个特征值大于 1 的因子，单个因子的最大方差解释量为 22.01%，小于临界值 40%[252]，表明共同方法偏差不明显。

2. 心流体验的平均水平

完成三种游戏任务引发的心流体验依次为容易任务（Speed 1）35.68 ± 4.74，中等难度任务（Speed 5）33.38 ± 4.72，困难任务（Speed 8）28.98 ± 4.96。我们用三种任务引发的心流体验平均值来代表游戏心流体验，平均值为 32.68，标准差为 4.22。

3. 各变量的描述统计与相关分析

特质焦虑、注意力集中、心流体验三个变量的平均数、标准差及相关分析结果（表 4-7）表明，特质焦虑与注意力集中呈显著负相关，$r=-0.60$，$p<0.001$；特质焦虑与心流体验呈显著负相关，$r=-0.52$，$p<0.001$；注意力集中与心流体验呈显著正相关，$r=0.46$，$p<0.001$。

表 4-7　三个变量的描述统计及矩阵相关结果

变量	M	SD	特质焦虑	注意力集中	心流体验
特质焦虑	46.52	9.39	1	—	—
注意力集中	18.48	3.25	-0.60***	1	—
心流体验	32.68	4.22	-0.52***	0.46***	1

注：*** 为 $p<0.001$。

4. 特质焦虑与心流体验的关系：调节作用的检验

本实验采用 Hayes 编制的 SPSS 中的 Model 1（Model 1 为调节模型）[253]，在控制年龄和性别的情况下对注意力集中在特质焦虑和心流体验之间的调节作用进行检验。结果（表 4-8）表明，将注意力集中放入模型后，特质焦虑与注意力集中的乘积项对心流体验的预测作用显著，$B=-0.09$，$t=-2.07$，$p<0.05$，说明注意力集中能够调节特质焦虑对心流体验的预测作用。

表4-8　注意力集中的调节作用检验

回归方程		拟合指标			系数显著性	
结果变量	预测变量	R	R^2	$F(df)$	B	t
心流体验	性别	0.56	0.32	45.44(4)***	-0.08	-0.67
	年龄				-0.02	-0.42
	特质焦虑				-0.37	-7.14***
	注意力集中				0.22	4.46***
	特质焦虑 × 注意力集中				-0.09	-2.07*

注：* 为 $p<0.05$，*** 为 $p<0.001$。

　　进一步的简单斜率分析（图4-6）表明，注意力集中水平较低（$M-1SD$）的被试，特质焦虑对心流体验具有显著的负向预测作用，*simple slope*=-0.28，t=-3.89，$p<0.001$；对于注意力集中水平较高（$M+1SD$）的被试，特质焦虑虽然也会对心流体验产生负向预测作用，但其预测作用较小，*simple slope*=-0.46，t=-7.28，$p<0.001$。这表明随着个体注意力集中水平的提高，特质焦虑对心流体验的负向预测作用呈逐渐降低的趋势。

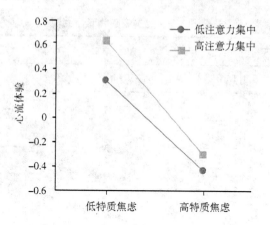

图 4-6　注意力集中在特质焦虑与心流体验关系中的调节作用

（四）讨论

注意力集中在特质焦虑和心流体验的关系中起调节作用。特质焦虑对心流体验的负向预测作用对于低注意力集中个体更加显著，而高注意力集中会减弱这种负向预测效果。

高注意力集中个体具有良好的注意控制能力和行为控制能力，能够使其专注于目标活动，抑制特质焦虑带来的干扰，使活动顺利进行，提高了引发心流体验的可能性。换句话说，高注意力集中可以使高特质焦虑个体的专注力得到改善，有利于引发心流体验，提高心流水平；高注意力集中可以使低特质焦虑个体更加专注，增强了心流体验的发生频率和深度。Quinn 的研究发现，心流体验随着注意力集中水平增加而提高[53]。Quinn 的研究支持本实验的结果。

低注意力集中个体的注意控制能力差，容易受到各种无关刺激的干扰，消耗了注意资源，使完成目标活动的注意资源不足，个体难以专注地、顺利地完成任务，妨碍了心流体验的出现。具体而言，低注意力集中会使高特质焦虑个体受到更多的干扰，阻碍了目标活动的顺利进行，降低了心流体验发生的可能性；低注意力集中会使低特质焦虑个体的专注度下降，干扰了心流体验的出现。

（五）小结

注意力集中对特质焦虑和心流体验关系的调节作用显著，高注意力集中可以缓解特质焦虑造成的分心，促进心流体验的发生。该研究结果启示我们，可以通过注意力训练使特质焦虑个体在活动任务中更加专注，促进其获得心流体验。

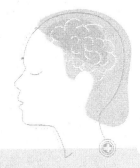

第五章　心流体验的变化性与稳定性
（研究三）

　　心流体验是一种主观心境状态。已有研究发现，每个人都有其相对稳定的心境水平，这个基线特征主要受人格特质的影响，个体的生理因素、环境因素也会引起心境状态的暂时性偏离，这些暂时性的偏离波动是一个健康机体适应功能的表现，正是由于机体的这种调节适应机制和稳定的人格特质的影响，心境状态能在一定的时间里从偏离态返回到原来的平衡态，甚至重新建立一个新的平衡[254]，这就是个体的心境状态维持稳态的过程，遵循着平衡—失衡—再平衡的普遍规律。有学者在幸福感研究中也发现了同样的规律，认为幸福感也是一种稳态。动态平衡理论[255]和主观幸福感稳态模型[256]都主张，幸福感通常处于某个平衡水平或设定点范围内，外界刺激会导致幸福感短暂的偏离，人格或基因的平衡作用会使幸福感回到原来的平衡水平或设定点范围。这两种理论强调幸福感从失衡态又回到原来的平衡态。幸福感的稳态与跃迁模型[123]认为，幸福感通常保持在设定点范围内，外界刺激引起短暂的偏离后幸福感会逐渐回到原来的平衡态，但是强烈的或持续的外界刺激会导致幸福感发生持久的变化，形成新的平衡态。该观点全面地体现了"再平衡"的内涵。

　　上述的心境状态研究和幸福感研究都强调了个体在维持稳态的过程中，人格或基因发挥着保持稳定性的作用，外界刺激会引起短暂的变化或持久的变化，结果就是心境或幸福感会回到原平衡态或达到新平衡态，即维持原来的稳态或形成新稳态。心流体验是一种心境状态，也是幸福感的核心成分，其作为一种稳态，也遵循着平衡—失衡—再平衡的过程，既有适度的变化性，又有一定的稳定性。心流三通道修正模型认为，心流是动态变化的，心流沿着对角线发展，经历了心流—非心流—

再次心流的过程，体现了心流具有变化性和稳定性的特点。因此，本章将检验特质焦虑个体的心流体验是否具有稳定性和变化性。

第一节　特质焦虑个体心流体验的变化性（子研究3）

一、概述

子研究 2 发现，挑战与技能关系、注意力集中水平、注意焦点、特质焦虑水平都会对心流体验产生影响。其他研究表明，感知控制力 [257]、网站的互动性与生动性 [258]、自我效能感 [259]、反馈 [149] 等也会对心流体验产生影响，说明个体的心流体验是会发生变化的。这些研究结果只能反映心流体验在某一个时间点的特点，不能体现心流体验动态性的特点。

心流理论三通道修正模型体现了个体的主观体验在心流、焦虑、无聊之间的动态变化过程。有学者针对心流体验的动态变化特点开展了纵向研究，他们对 20 名参与者在工作和休闲中的心流体验进行了为期 21 天的调查，每天对工作、休闲各做 3 次随机调查，结果发现心流体验五个维度的得分呈动态变化，这种动态变化随着时间的推移并没有呈现稳定的模式，说明心流体验也在波动，不会随着时间的推移而稳定下来 [164]。另一项研究对自行车长途骑行爱好者做了连续 5 天的骑行心流体验调查，发现 9 名骑行者的心流体验整体上表现出先下降后上升的趋势，第一天心流体验较高，第二天开始下降，第三天降到谷底，第四天大幅度提升且接近于第一天的心流水平，第五天继续上升，超过了第一天的心流水平，心流体验曲线呈 V 形 [260]。这两项研究都表明心流体验是在动态变化的，但是没有体现出心流体验是一种稳态，即通常情况下保持动态平衡状态，围绕某个平衡点水平波动或者在某个设定点范围内波动。

特质焦虑容易导致个体紧张忧虑，情绪波动大，心流体验的波动性也可能比较大。因此，子研究 3 的目的是探究特质焦虑个体的心流体验随时间变化的特点以及通常情况下心流体验是否在一定范围内波动。

二、研究方法

（一）被试

本实验的被试选自某高校 2021 级化学专业 2 个平行班的大学生，共 75 人。排除中途退出调查研究的学生及出现无效问卷的学生，最后收集了 62 名被试的调查数据，共 3 906 份问卷。62 名被试中男生有 17 人，女生有 45 人，被试的平均年龄为 19.13 ± 0.80 岁。特质焦虑平均分为 43.15 ± 8.08，我们根据平均分来分组，得分高于 43.15 的被试有 31 人，命名为高特质焦虑组，特质焦虑平均分为 49.68 ± 4.15；得分低于 43.15 的被试有 31 人，命名为低特质焦虑组，特质焦虑平均分为 36.61 ± 5.23。两组被试的特质焦虑得分进行独立样本 t 检验，得分差异显著，$t_{(60)}=10.88$，$p<0.001$。

（二）测量工具

本实验采用状态特质焦虑量表中的特质焦虑量表（T-AI），具体内容同子研究 1。测量在线学习心流体验的量表是在刘微娜修订的《简化状态流畅量表》基础上继续完善，在不改变条目意思的前提下，使每一个条目的表述更符合大学生在线学习的感受，微调后的在线学习心流体验量表在本实验中的内部一致性系数为 0.79。

（三）实验程序

心理体验抽样法要求被试听到提示音马上完成预先设置好的问卷，每天采集多次，反复收集个体的瞬时体验。本实验采用心理体验抽样法的思路，根据学生的在线学习情况，每天测试 2 至 4 次在线学习心流体验，连续测试 21 天，了解学生的心流体验的变化趋势。考虑到收到提示信号马上完成问卷会干扰学生的正常学习，因此本实验把完成问卷的时间延长到 1 小时。主试加入被试班级微信群，讲解调查研究的实施过程和注意事项，用问卷星在班级群里发送问卷，通常 2 小节课调查一次，两次调查间隔 1.5 小时左右，每次发布问卷开始和快要结束时都会提醒被试及时完成问卷。调查研究从新学期的第二教学周开始，持续 3 周。

三、研究结果

高、低特质焦虑个体连续 21 天在线学习心流体验的平均数与标准差如表 5-1 所示。高特质焦虑个体每天的在线学习心流体验均低于低特质焦虑个体。多数心境变化性研究使用标准差作为一个人心境随时间波动的变化性指标，本实验除第 3 天、第 18 天、第 20 天外，其余 18 天均是高特质焦虑个体的心流体验标准差更高，说明高特质焦虑个体的心流体验波动性更大，相比之下，低特质焦虑个体的心流体验稳定性更高。随着时间推移，高、低特质焦虑个体的心流体验都有逐渐提高的趋势，说明新学期开始后，学生的学习状态在不断调整，逐渐进入最佳状态。

表5-1　高、低特质焦虑个体连续21天在线学习心流体验的平均数与标准差

时间 /天	低特质焦虑组		高特质焦虑组		时间 /天	低特质焦虑组		高特质焦虑组	
	M	SD	M	SD		M	SD	M	SD
1	33.19	3.07	30.21	3.21	12	35.81	3.15	34.04	4.04
2	33.54	2.91	30.88	2.94	13	35.08	3.12	32.96	3.13
3	34.08	3.01	31.67	2.98	14	34.36	3.47	32.09	3.56
4	33.93	2.80	30.96	3.17	15	35.27	3.33	33.37	3.37
5	34.91	3.05	32.49	3.58	16	35.58	3.04	33.51	3.37
6	33.57	3.07	31.57	3.52	17	35.57	3.03	33.85	3.46
7	33.43	2.11	31.38	3.46	18	35.45	3.15	33.35	3.12
8	34.12	2.58	31.65	4.06	19	36.43	2.63	34.36	2.87
9	34.43	3.24	32.38	3.97	20	35.19	2.42	33.25	2.35
10	34.83	3.44	33.36	3.84	21	34.58	2.53	32.39	2.56
11	34.44	3.69	33.33	3.95					

　　高、低特质焦虑个体连续21天在线学习心流体验的变化趋势如图5-1所示。两组被试的心流体验都随着时间的推移发生动态变化，心流曲线整体上呈现上升趋势，前两周上升速度快，第3周（15～21天）的前4天心流体验变化曲线比较平缓，后3天出现明显的上下波动。心流曲线类似正弦曲线，表明心流体验可能是围绕某个平均水平上下波动的。

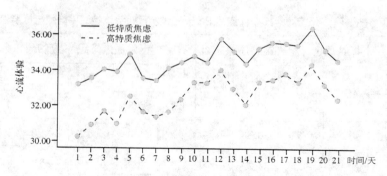

图 5-1　高、低特质焦虑个体连续 21 天在线学习心流体验的变化趋势

图 5-1 中心流曲线存在明显的周期效应，为了更清楚地观察被试在线学习心流体验的周期性变化特点，我们将 21 天的调查结果分为三周进行比较，结果如图 5-2 所示。第 1 周的心流体验整体偏低，第 2 周的心流体验上升幅度较大，第 3 周的心流体验上升幅度减缓，除了周五和周日，每周其余五天的心流水平非常接近。心流体验从周一到周三持续上升，周四下降，周五上升到一周的最高点，周六和周日持续下降。

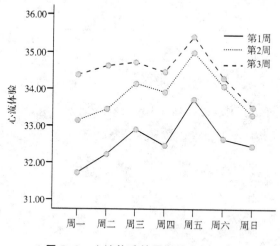

图 5-2　心流体验的周期性变化特点

从第 10 天起，被试的心流体验似乎进入一个平衡状态，围绕某个水平上下波动。Cummins 等人在幸福感研究中发现，大样本被试的幸福感平均值为 75，标准差为 2.5，认为幸福感的稳态范围为 70～80，任何新的幸福感调查，被试的幸福感平均值有 95% 的概率位于这个范围[261]。借用这种计算方法，本实验所有被试的心流体验平均值为 33.64，标准差为 3.47，上下两个标准差的得分为 26.70 和 42.68，可以说用该量表测量一个新被试群体的心流体验，有 95% 的心流平均值在 26.70 和 42.68 之间，即通常情况下被试的心流体验在这个范围内波动。

四、讨论

低特质焦虑个体的在线学习心流体验显著高于高特质焦虑个体的心流体验，与子研究 1、子研究 2 的结果一致。高特质焦虑个体在线学习心流体验的标准差更高，心流体验的波动性更大，原因可能是高特质焦虑个体的焦虑水平高，容易受到内外部各种刺激的影响，引起烦躁、担忧和过度自我关注，情绪波动大，而且自身的情绪调节能力有缺陷，导致个体在线学习的过程中注意力被频繁干扰，心流体验的波动性大。相比之下，低特质焦虑个体的情绪稳定，调节情绪的能力较强，注意控制能力也较强，注意力能持续地集中在活动任务上，心流体验的波动性较小。

高、低特质焦虑个体连续 21 天的在线学习心流体验呈动态变化。三周的调查研究正处于学期初的第二、第三、第四教学周，结合图 5-1 和图 5-2 可知，开学后第二教学周学生的在线学习状态欠佳，第三教学周学习状态逐渐好转，第四教学周学生的学习状态进入一个相对稳定的水平，心流体验虽然会出现大幅波动，但是大部分时间保持在某个水平附近。被试的心流体验表现出明显的周期性特点：周一被试的心流体验较低，可能是刚过完周末，学生还没有充分地进入学习状态；周二至周三被试的心流体验持续上升，说明被试的学习状态渐入佳境；周四被试的心流体验下降，可能是连续三天的学习让被试感到疲劳，学习状态略有松懈，也可能是因为被试的课程表中周四下午是班团活动时间，学生可以自主活动，这使学生在周四比较浮躁，一些与学习无关的想法或计划在头脑里冒出来，干扰了学生的学习专注度，因此心流体验下降；周五被试的心流体验大幅上升，可能是由于快要到周末了，被试心情愉悦，情绪高涨，积极情绪促使其更加主动地参与课堂教学活动，而参与度与心流体验正相关[257]，因此周五的心流体验最高；周六、周日被试的在线学习心流体验持续下降，波动性最大，可能是因为学生认为周六日应该休息，潜意识里就会放松下来，对学习的参与度降低了，心流体验降低。显然，被试的在线学习心流体验变化趋势与一周内的学习活动密切相关，这种周期性特点受社会生活节律的影响。李冬梅等研究发现，青少年的心境波动具有一定的周期，近似为 7 天和 28 天，这个波动特点是社会生活的"带走"作用所致，社会生活模式中一周的学习生活周期及一个月的月圆月缺等自然循环的节律性调节了人的心理与行为，使个体的主观感受具有周期性[254]。该观点支持本实验的结果。

五、小结

本实验发现，高特质焦虑个体的在线学习心流体验较低，而且心流体验的波动性较大；高、低特质焦虑个体的在线学习心流体验随着时间推移是动态变化的，具有明显的周期性特点，而且变化曲线类似正弦曲线，说明通常情况下心流体验在某个范围内波动。

第二节 特质焦虑个体心流体验的跨情境一致性（子研究4）

一、概述

Jackson 等人把心流体验划分为状态心流和特质心流，状态心流是个体在特定情境中的心流，特质心流是个体体验心流的倾向性[16]。特质心流的定义类似人格特质，都是反映个体在某个方面相对稳定的态度或能力。人格特质具有一定的稳定性[262]，因此我们推测特质心流也具有一定的稳定性，这意味着状态心流可能受人格特质的影响也会表现出适度的稳定性。有研究表明，心流体验与人格特质关系密切，如大五人格中的责任心、开放性、外倾性能显著正向预测心流体验，神经质能显著负向预测心流体验[84]。具有自带目的性人格特质的个体更容易获得心流体验[54]。这些研究结果意味着具有某种人格特质的人能频繁地获得心流体验或者获得心流体验的频率很低，在不同的活动情境中或同一活动的不同时间点上，都会有一致的表现。

从社会宏观层面讲，不同国家、不同文化背景下的人们都能够获得心流体验，而且日常生活、休闲、运动、工作及各种创造性活动都会引发心流体验，说明心流体验具有普遍性。元分析1的结果发现挑战与技能平衡时引发的心流体验最高，显著高于挑战低于技能和挑战高于技能时引发的心流体验，反映了在不同活动任务或情境下，个体通常表现出在挑战与技能平衡条件下心流体验最强，这是一种跨情境一致性的表现。有研究提出，心流体验具有跨文化、跨情境的一致性[263]。

从个体微观层面来讲，同一被试群体参与两种或两种以上的活动，产生的心流体验相当或具有较高的相关性，就可以说个体的心流体验具有跨情境的一致性。有研究测量了个体在内心活动和外界活动中产生的心流体验，实验使用的内部心流量表和外部心流量表几乎一样，只是量表指导语和个别项目的表述略有不同，结果发现内部心流体验的平均数和标准差（4.89±1.21）与外部心流体验的平均数和标准差（5.01±1.19）非常接近，两个量表的 Cronbach's α 值均为 0.95[211]。显然，该研究中个体在两种情境下的心流体验具有一致性。笔者尚未发现更多关于同一被试群体在两种活动中的心流体验相关性的研究。

因此，子研究 4 的目的是探索特质焦虑个体在两种情境下的心流体验是否具有跨情境一致性以及高、低特质焦虑个体在不同情境中的心流体验有何特点。由于特质心流是一种相对稳定的体验心流的倾向，特质焦虑也是一种相对稳定的人格特质，因此我们可以预期特质焦虑个体的状态心流在人格特质的影响下，也会表现出一定程度的稳定性，具有跨情境的一致性。

二、研究方法

（一）被试

本实验筛选的被试要同时满足以下四个条件：第一，按照子研究 1 的方法，用特质焦虑量表从某高校大一、大二学生中筛选高、低特质焦虑的被试；第二，排除打游戏技能水平太高和太低的被试，保留打游戏技能处于中等水平的被试（方法同子研究 1）；第三，选择大学英语四级考试尚未通过且分数处于 350～399 分的被试，如果被试从未参加过大学英语四级考试，选择高考英语成绩处于 80～100 分的被试；第四，所有被试的视力或矫正视力正常，双手能灵活操作游戏机，没有参加过类似实验。通过多层筛选，最后有 51 名高特质焦虑被试（男生 5 人，女生 46 人）和 50 名低特质焦虑被试（男生 4 人，女生 46 人）参与本实验。101 名被试的平均年龄为 19.98 岁（$SD=0.84$）。高特质焦虑个体的特质焦虑平均分为 52.55±4.01，低特质焦虑个体的特质焦虑平均分为 35.84±2.84，t 检验结果表明二者的特质焦虑得分差异显著，$t_{(99)}=-34.08$，$p<0.001$。

（二）测量工具与实验材料

本实验采用状态特质焦虑量表中的特质焦虑量表。测量游戏心流体验的量表具体内容同子研究 1。测量学习心流体验的量表仍然是在刘微娜修订的《简化状态流畅量表》基础上继续完善，在不改变条目意思的前提下，使句子表述更贴近英语单词学习过程中的感受，微调后的学习心流量表在本实验中的内部一致性系数为 0.72。

被试需要识记的英语单词选自大学英语六级词汇书。实验选出 54 个常见复合词，请 60 名大一、大二学生（英语四级 350～399 分或高考英语 80～100 分）评定实验材料，要求被试把单词的汉语翻译写出来，只要写对其中一个中文意思或意思接近即为认识该单词。实验统计出被试对每个单词认识的频率，选择认识频率低的词汇作为实验材料，得到认识频率为 0（14 个）、1（5 个）、2（9 个）的词汇共 28 个。在保证单词陌生的前提下，实验尽可能使单词的字母数比较接近。5 个认识频率为 1 的单词中有 1 个单词的字母数偏少，去掉该单词，再从认识频率为 2 的 9 个单词中挑选 2 个字母数适中的单词，最后得到 20 个被试不熟悉的英语单词。

打游戏任务还是小型掌上游戏机中的俄罗斯方块游戏，实验使用 Level 1 模式下的 Speed 5。

（三）实验程序

为了保证被试的同质性，我们不仅要选择打游戏技能水平中等的被试，还要求被试的英语水平比较接近。我们把某高校 2018 级和 2019 级大学生（外语学院学生除外）的高考英语成绩按从高到低排列，每 10 分作为一个分数段，统计出每个分数段的人数，结果发现 80 ～ 90 分和 90 ～ 100 分的人数最多。同样，我们把这两个年级的大学生（外语学院的学生除外）参加 2020 年 6 月大学英语四级考试的成绩抽取出来，每 10 分作为一个分数段，统计每个分数段的人数，结果发现各分数段的人数分布接近正态分布，350 ～ 399 分的人数占总人数的 46%。我们邀请了本校三位承担大学英语公共课的资深教师，他们对本校学生的英语水平有充分的了解，一致认为高考英语成绩在 80 ～ 100 分的学生在大一第二学期 6 月参加英语四级考试时，大部分成绩处于 350 ～ 400 分，即便再参加一次四级考试，大概率讲，这些学生的成绩还在 350 ～ 400 分，学生的英语水平是相对稳定的。因此，我们通过问卷调查筛选被试时，要求学生填写最近一次英语四级考试的成绩，如果尚未参加四级考试，需要填写高考英语成绩，英语四级为 350 ～ 399 分或高考英语为 80 ～ 100 分作为选择被试的条件之一。

接下来，我们请 20 名英语成绩符合条件的被试完成英语单词识记学习任务，一方面检验实验材料对被试来说是否陌生，保证实验材料对被试是公平的；另一方面评估根据上述英语成绩选择被试是否合理，确保被试英语水平相当，在识记单词任务上具有同质性。实验指导语告知被试需要识记英语六级词汇，用 PPT 播放，每个英语单词呈现 9 秒钟，只呈现一遍，共 20 个单词，3 分钟呈现完毕；接下来要求被试把测试纸上刚才识记过的单词的汉语翻译写出来，如果一个单词有多个翻译，写出其中一个即可，2 分钟计时结束，停止写单词的翻译。之后被试需要马上完成学习心流体验量表，并且对该项任务的主观难度进行评定，难度等级为7点评分，分数越高难度越大，1表示"很容易"，4表示"中等"，7表示"很难"。绝大多数（16人）被试对该项任务主观难度等级的评定为中等难度4，所有被试评定的主观难度平均值为4.02，这表明上述根据英语水平筛选被试的条件是合理的，被试的英语水平接近。20位被试在实验开始前，先看测验纸上的英语单词是否有自己认识的，对认识的单词做上标记，当填完学习心流体验量表之后，再来核实自己是否事先就认识这些单词，在确实认识的单词前面标注"认识"。结果发现有19个单词所有被试都不认识，只有1个单词有1人认识，因此我们认定这20个单词作为实验材料是可靠的。

在预实验环节我们对各项游戏任务的主观难度做过评定，对被试来说完成Speed 5时感知到挑战与技能平衡，主观任务难度的平均值为3.99，属于中等难度任务。

综上所述，单词识记学习任务与完成游戏任务Speed 5的主观难度相当，理论上完成这两项任务引发的心流体验深度也比较接近。

在正式实验中，被试完成两项实验任务的先后顺序是随机的。打游戏任务依然要求被试先熟悉游戏机的操作方法，然后按照主试指导语的要求，把任务调到Speed 5，注意力集中在下落的方块上，去消除堆积的方块，计时3分钟，如果时间未到3分钟却出现"Game Over"，被试需要自行调到刚才的任务上继续玩，计时结束马上填写《简化状态流畅量表》。

三、研究结果

对所有被试完成学习任务和游戏任务引发的心流体验进行比较，结果如表5-2所示。被试在不同情境下引发的心流体验水平没有显著差异，$t_{(100)}=-0.92$，$p>0.05$，而且二者的相关系数达到显著水平，$r=0.45$，

$p<0.01$，相关程度为中等正相关。也就是说，被试在这两种情境下感受到的心流体验具有一致性。

表5-2　不同情境下的心流体验比较结果

心流体验	M	SD	n	t	r
游戏心流体验	33.68	4.08	101	-0.92	0.45**
学习心流体验	34.06	3.94	101		

注：** 为 $p<0.01$。

不同特质焦虑水平的个体在这两种情境下的心流体验比较结果见表5-3。低特质焦虑个体的学习心流体验与游戏心流体验没有显著差异，$t_{(49)}=1.16$，$p>0.05$，而且二者的相关系数达到了显著水平，$r=0.36$，$p<0.01$，相关程度为弱正相关，两种情境下的心流体验具有一致性。高特质焦虑个体的学习心流体验与游戏心流体验也没有显著差异，$t_{(50)}=0.09$，$p>0.05$，两种情境下的心流体验相关系数显著，$r=0.28$，$p<0.05$，相关程度较弱。相比高特质焦虑个体，低特质焦虑个体的学习心流体验和游戏心流体验的得分更高，两种情境下的心流体验一致性也更高。

表5-3　高、低特质焦虑个体在两种情境下的心流体验比较结果

特质焦虑	学习心流体验		游戏心流体验		n	t	r
	M	SD	M	SD			
低特质焦虑	36.10	0.48	35.38	0.52	50	1.16	0.36**
高特质焦虑	32.08	0.47	32.02	0.52	51	0.09	0.28*

注：* 为 $p<0.05$，** 为 $p<0.01$。

实验还发现，高、低特质焦虑个体在完成学习任务中的心流体验差异显著，$t_{(99)}$=5.93，$p<0.001$，低特质焦虑个体的学习心流体验显著高于高特质焦虑个体的心流体验。高、低特质焦虑个体在打游戏任务中的心流体验差异也显著，$t_{(99)}$=4.51，$p<0.001$，低特质焦虑个体的游戏心流体验显著高于高特质焦虑个体的心流体验。

四、讨论

整体上看，所有被试的学习心流体验和游戏心流体验没有显著差异，而且二者中等程度相关。这表明当被试对所从事的两项活动的主观难度接近时，他们在这两项活动任务中产生的心流体验水平也相当，在不同情境下的心流体验具有一致性。前面已经阐述了人格特质可以预测心流体验的发生频率，具有某种人格特质的人在不同的情境下其心理体验与行为表现是一致的，因此其心流体验也应该具有一致性。另外，幸福感研究发现影响幸福感稳定性的因素是遗传因素，人格或者基因会影响幸福感的稳定性[123]。心流体验作为幸福感的核心成分之一，其稳定性也可能受到遗传因素的影响。综上所述，笔者认为人格特质可能是引起心流体验跨情境一致性的原因之一。

高特质焦虑个体的学习心流体验得分和游戏心流体验得分比较接近，二者不存在显著差异，两种情境下的心流体验具有一致性。低特质焦虑个体也表现出同样的特点，但是相比高特质焦虑个体，低特质焦虑个体的学习心流体验与游戏心流体验都更高，跨情境一致性也更高。这可能是因为低特质焦虑个体在参与两项活动的过程中，注意力集中水平和情绪状态更为稳定，两项活动中产生的心流体验比较接近；相比之下，高特质焦虑个体更容易受到无关刺激的影响，引起注意分散和情绪波动，使其在两项活动中的心流体验略有差距，二者的相关性减弱。

五、小结

综上所述，我们从本实验的研究结果中可得知：心流体验具有跨情境的一致性；与高特质焦虑个体相比，低特质焦虑个体的心流体验不仅平均水平更高，其跨情境的一致性也更高。

第三节　特质焦虑个体心流体验的跨时间稳定性
（子研究 5）

一、概述

子研究 4 表明特质焦虑个体的心流体验具有跨情境的一致性。但是，跨情境的一致性仍不能保证心流体验具有稳定性，我们有必要在较长的一段时间内进行纵向研究，以检验在不同时间点个体的心流体验是否具有稳定性。乔尔·赫克特纳的一项研究以青少年为研究对象，采用心理体验抽样法进行为期一周的心流体验调查，两次调查间隔两年，结果显示有 60% 的青少年在这两段时间里心流体验发生的频率没有差别，两年前心流体验发生频率高的人，两年后心流体验发生频率仍然较高，两年前心流体验发生频率偏低的人，两年后依然偏低；40% 的青少年中有半数的心流体验发生频率明显增加，另外一半的心流体验发生频率下降[54]。该研究表明心流体验发生的频率具有稳定性。Fullagar 等人采用心理体验抽样法测量 27 名音乐专业大学生每次演奏练习时的心流体验，为期 10 周的研究结果发现，挑战与技能平衡和心流体验的关系非常稳定（$r=0.73$），表明心流体验在短期内具有较好的稳定性[13]。还有研究表明幸福感主要依赖于人格特质，具有跨情境的一致性和跨时间的稳定性[265]，而心流体验是幸福感的核心要素之一，也可能具有跨时间的稳定性。

因此，子研究 5 的目的是采用纵向研究探索心流体验是否具有跨时间的稳定性。实验预期特质焦虑个体的心流体验具有跨时间稳定性，相比高特质焦虑个体，低特质焦虑个体的心流体验水平更高，随着时间推移其心流体验的稳定性也更高。

二、研究方法

（一）被试

本实验通过问卷调查从某高校大二学生中筛选被试，根据被试的打游戏水平和每周平均玩游戏时间，排除打游戏水平很高和很低的被试，方法同子研究 1。本实验有 125 名大学生自愿参加，116 名合格完成所有实验任务，其中男生 14 人，女生 102 人，所有被试的平均年龄为 19.71 ± 0.94 岁，特质焦虑平均分为 44.75 ± 8.34。所有被试的视力或矫正视力正常，双手能灵活操作游戏机，没有参加过类似实验。我们根据特质焦虑平均值 44.75 分组，得分低于 44.75 的被试命名为低特质焦虑组，高于 44.75 的被试命名为高特质焦虑组。低特质焦虑组有 57 人，特质焦虑得分为 37.35 ± 3.81；高特质焦虑组有 59 人，特质焦虑得分为 51.90 ± 4.27。两组被试的特质焦虑得分进行独立样本 t 检验，得分差异显著，$t_{(114)}$=-19.31，$p<0.001$。

（二）测量工具与实验材料

本实验采用状态特质焦虑量表中的特质焦虑量表（T-AI）在《简化状态流畅量表》基础上完善的游戏心流量表，具体内容同子研究 1。小型掌上游戏机 Level 1 模式下的俄罗斯方块游戏包括 Speed 1、Speed 5 和 Speed 8 三种游戏任务。

（三）实验程序

本实验对俄罗斯方块游戏中三项任务的游戏心流体验做了间隔6个月的追踪调查研究，每次测试要求被试完成三项游戏任务及心流体验量表，三项游戏任务按拉丁方顺序排列，每项游戏任务的操作流程同子研究1。游戏任务根据主观难度分为三种：容易（Speed 1）、中等难度（Speed 5）、困难（Speed 8）。相隔6个月的两次研究中，被试的实验任务完全一样，测量工具也相同。

三、研究结果

三种游戏任务引发的心流体验在前测和后测中的平均数、标准差、相关系数、配对样本 t 检验结果如表5-4所示。

表5-4　前、后测心流体验的相关数据

游戏任务	前测		后测		r	t
	M	SD	M	SD		
Speed 1	35.56	4.25	36.36	3.89	0.42***	-1.96
Speed 5	33.10	4.91	33.60	4.84	0.48***	-1.07
Speed 8	29.41	4.78	29.44	5.29	0.50***	0.07

注：*** 为 $p<0.001$。

高、低特质焦虑个体在三种任务中的心流体验差异比较结果如表5-5所示。结果显示，不管操作什么难度的任务或在什么时间段测试，低特质焦虑个体的心流体验都高于高特质焦虑个体的心流体验，这说明相比高特质焦虑个体来说，低特质焦虑个体的心流体验水平更高。

表 5-5　高、低特质焦虑个体在三种任务中的心流体验差异比较结果

游戏任务	测试阶段	低特质焦虑组	高特质焦虑组	t
		$M \pm SD$	$M \pm SD$	
Speed 1	前测	37.16 ± 4.41	34.02 ± 3.47	4.26***
	后测	38.11 ± 4.01	34.68 ± 2.94	5.25***
Speed 5	前测	35.19 ± 4.67	31.08 ± 4.27	4.94***
	后测	35.25 ± 5.37	32.02 ± 3.66	3.79***
Speed 8	前测	31.58 ± 4.75	27.31 ± 3.80	5.35***
	后测	30.32 ± 5.72	28.59 ± 4.74	1.76

注：*** 为 $p < 0.001$。

高、低特质焦虑个体在完成三种任务的过程中，间隔 6 个月测得的心流体验相关系数如表 5-6 所示，结果表明三种任务的心流体验前、后测相关系数均为低特质焦虑个体的心流体验相关系数更高。

表 5-6　高、低特质焦虑个体在完成三种任务中的心流体验相关系数

分组	Speed 1	Speed 5	Speed 8
低特质焦虑组	0.36**	0.40**	0.58***
高特质焦虑组	0.21	0.38**	0.32*

注：* 为 $p < 0.05$，** 为 $p < 0.01$，*** 为 $p < 0.001$。

结合表 5-5 和表 5-6 的结果可知，与高特质焦虑个体相比，低特质焦虑个体的心流体验不仅平均水平高，稳定性也更强。这值得我们思考特质焦虑与心流体验之间的相互作用，因此我们采用交叉时序滞后设计，来探究特质焦虑与心流体验之间的相关关系和预测关系。

　　我们用三种游戏任务引发的心流体验的平均值来代表游戏心流体验平均水平，得到游戏心流体验的前测平均值为 32.68，标准差为 4.10，后测平均值为 33.13，标准差为 4.00。两次测得的结果差异不显著，$t_{(115)}=-1.29$，$p>0.05$，两次测试中特质焦虑与心流体验的相关系数如表 5-7 所示。

表 5-7　特质焦虑与心流体验的均值、标准差和相关系数

项目	M	SD	特质焦虑 T1	特质焦虑 T2	心流体验 T1
特质焦虑 T1	44.75	8.34	—	—	—
特质焦虑 T2	43.36	7.92	0.74**	—	—
心流体验 T1	32.68	4.10	−0.48***	−0.46***	—
心流体验 T2	33.13	4.00	−0.43***	−0.43***	0.58***

注：T1 表示前测，T2 表示后测，** 为 $p<0.01$，*** 为 $p<0.001$。

　　表 5-7 显示，特质焦虑前、后测之间的相关系数显著，$r=0.74$，$p<0.01$；心流体验前、后测之间的相关系数显著，$r=0.58$，$p<0.001$；特质焦虑与心流体验的前测相关系数显著，$r=-0.48$，$p<0.001$，后测相关系数也显著，$r=-0.43$，$p<0.001$。所有相关系数的相关程度介于中等到强相关，这表明同步相关和稳定性相关基本上一致，符合交叉滞后设计的基本假设[264]。我们采用 Enter 法进行二元回归分析，结果（图 5-3）显示，控制前测的心流体验，前测的特质焦虑能显著负向预测后测心流体验，$\beta=-0.20$，$p<0.05$；控制前测的特质焦虑，前测的心流体验能显著负向预测后测的特质焦虑，$\beta=-0.14$，$p<0.05$。

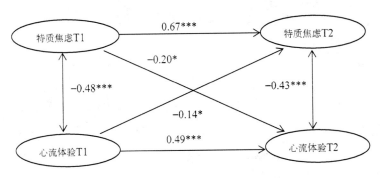

图5-3　特质焦虑与心流体验的交叉滞后回归分析图

四、讨论

三种不同难度的游戏任务引发的心流体验在前测与后测中的得分差异不显著，而且两次测试中的得分相关程度较高，表明不管被试玩哪个难度的游戏任务，引发的心流体验都具有一定的稳定性。心流体验前测和后测的得分差异不显著，二者相关程度较高，进一步表明心流体验具有较强的稳定性，在半年内变化较小。心流体验是幸福感的一个核心成分，已有研究表明幸福感具有跨时间的稳定性[265]。本实验表明心流体验也具有跨时间的稳定性。

低特质焦虑个体的心流体验水平高，心流体验的跨时间稳定性也较高；相比之下，高特质焦虑个体的心流体验水平低，心流体验的跨时间稳定性也较低。幸福感研究也存在类似的现象，幸福感水平高的个体，往往体验幸福的能力也较强，在各种情境中感受幸福的频率较高，这种体验幸福的能力也比较稳定，在一段时间内幸福感是一种相对稳定的心理品质[266]，因此幸福感水平表现出跨时间的稳定性。借用这种解释逻辑，我们认为低特质焦虑个体的水平高，心流体验的跨时间稳定性也高，可能是因为低特质焦虑个体负性情绪少，更少担忧和自我反省，可以把更多的精力投入完成任务本身上，这些特点使其具备更强的体验心流的能力，因而在从事各类活动任务中其体验心流的频率和深度都占有优势，而且这种体验心流的能力随着时间的推移具有连续性，所以体验到的心流水平也具有跨时间的稳定性。

回归分析进一步发现，前测的特质焦虑、心流体验均能够显著负向预测 6 个月后心流体验、特质焦虑的发展水平，即前测特质焦虑水平越高，半年后的心流体验就越低，前测的心流体验越低，半年后的特质焦虑水平就越高，会形成恶性循环；相反，前测的心流体验越高，后测的特质焦虑越低，前测的特质焦虑越低，后测的心流体验越高，形成良性循环，特质焦虑与心流体验互为因果。向燕辉等人基于特质焦虑与主观幸福感的交叉滞后研究提出了循环假设理论模型[267]，本实验结果也符合循环假设理论模型。

特质焦虑能预测半年后的心流体验水平，可能是因为高焦虑个体会经常把未来可能发生的事情想象成灾难性的，这使他们处于害怕、焦虑、恐惧的情绪状态中，还会引发反刍思维，难以专注于当前的活动任务上，抑制了心流体验的出现。相反，如果特质焦虑水平很低，个体通常处于内心宁静的状态，有助于其专注地完成各项任务，沉浸其中，获得心流体验。心流体验也能预测半年后的特质焦虑，因为心流体验水平高的个体，可能在某个领域的技能水平较高，对从事该活动有兴趣，也可能是自身的专注力高。这些特点使其在完成活动任务的过程中能全身心地投入，行动与意识融合，活动本身能为其带来享受感和愉悦感，处于这种状态的个体自我意识减弱，很少对自己的情绪和想法做出评价，他们更关心当下，较少对自己头脑中想象出来的事情担忧焦虑。可以说，心流水平高的个体经常处于积极情绪中，其特质焦虑水平较低，这是一种持久的特点。

以往关于焦虑与心流体验之间关系的研究，主要是描述性的或相关性研究，本实验则进一步深化了横断研究的结果，发现心流体验与特质焦虑互相影响，对未来的研究有重要的启示。我们可以通过心理训练来缓解个体的焦虑水平，促进心流体验的发生，也可以通过提升心流体验，来缓解个体的焦虑水平。

五、小结

综上所述，我们从实验的研究结果中可知：个体的心流体验具有跨时间的稳定性，相比低特质焦虑个体而言，高特质焦虑个体的心流水平较低，心流稳定性也较低；特质焦虑与心流体验互为因果，互相影响。

第六章　心流体验的跃升（研究四）

特质焦虑个体的心流体验能否跃升到更高水平？我们可以通过正念训练提升特质焦虑个体心流体验的干预研究（子研究6），再次证明注意力集中是引发心流体验的心理机制。

一、概述

心流三通道修正模型认为心流体验经历了心流—非心流—再次心流的变化过程，而且随着技能水平和挑战水平的提高，心流体验沿着对角线向上发展，心流水平越来越高。说明个体内心的和谐稳定状态（心流）可能会因受到内外部因素的影响而发生变化，出现焦虑、无聊等情况，但是一段时间后会再次进入心流。再次进入心流有两种可能：一是经过短暂的波动后，会恢复到原来和谐有序的心流状态，研究三已经证明心流体验有该特点；二是心流会发生持久的变化，跃升到更高的水平，研究四将通过实验检验特质焦虑个体的心流体验是否能跃升到更高水平。研究二还发现注意力集中是引发心流体验的心理机制，本书将在研究二的基础上，通过提高被试群体的注意力集中水平来提升其心流体验。一方面从实践干预的角度来验证研究二的结果，另一方面可以通过注意力训练提升特质焦虑个体的心流体验，让研究结果走向现实。

研究三发现心流体验具有稳定性，那么，特质焦虑个体的心流体验在经过心理干预得到提升后，能否比较稳定地保持干预效果呢？心流体验是幸福感的核心要素之一[268]，二者都是一种稳态。幸福感不仅能在某个范围内保持动态平衡[256]，而且能通过感恩训练[269]、乐观训练[270]等心理干预得到显著提高且长期维持效果稳定。这些研究结果被整合为幸福感的稳态与跃迁模型：幸福感通常情况下会维持稳态，当经历了强烈或持续的刺激后，会出现上升或下调，并在此基础上形成新稳态[123]。据此，我们推测心流体验在经过心理干预而跃升到更高水平后，也能形成新稳态，可以通过对心理干预的即时效果和追踪效果的研究来验证这一假设。

已有研究中提高心流体验的方法主要有 VR 技术[271-272]、积极心理干预[273]、正念训练[274-275]、冥想[276]、催眠[277]等，其中正念训练是一种训练注意力的方法，对心流体验的干预效果也备受认可。由于不同学者对正念的定义有所不同，再加上国家之间的文化差异，正念训练的方法也不尽相同。但是学者们普遍接受卡巴金的定义，认为正念是有意识地关注或觉察当下的体验，并且不加评判地接纳[47]。因此，正念训练通常是指有目的地把注意力集中于此刻，带着开放、接纳、好奇的心态去觉察此刻的情绪、想法、感受，不做好坏评判的一种训练方法。有学者经过大量的文献梳理后提出正念的核心机制在于对注意力的训练[278]，是一种可以扩展注意力空间的练习[227]。正念练习时个体的注意力集中于当下的躯体感觉、情绪、想法，可以训练大脑专注于某个目标，提升专注力。Tang 等人的实证研究表明正念训练可以显著提高被试的注意力，改善认知功能[279]。Gardner 和 Moore 提出正念是一种与注意力相关的技能，通过训练可以帮助人们保持对当下的专注[280]。总而言之，正念训练实质上是一种注意力训练，可以提高个体的注意力集中水平。正念训练能够提升个体的心流体验，关键在于正念训练提高了个体的注意力集中水平，促使个体更容易进入专注的心流状态。这与子研究 2 的研究结果相呼应，认为注意力集中与否是影响心流体验的重要因素，注意力集中水平越高，心流体验就越高。因此，本研究将采用正念训练的方法来提高特质焦虑个体的注意力集中水平，进而提升其心流体验。

已有研究发现，通过正念训练提升心流体验的效果令人满意。如

Aherne 等为运动员开展为期 6 周的正念训练，实验组 6 人，对照组 7 人，结果发现接受正念训练后参加竞技运动比正念训练前体验到了更强的心流，也比没参加过正念训练的运动员体验到的心流更深 [274]。Liu 等对运动员进行简短正念训练后发现其心流显著提高 [281]。Gardner 和 Moore 对两名运动员进行了 12 周正念训练，也发现心流体验明显改善 [282]。Kaufman 等于 2009 年采用正念运动表现促进课程对弓箭手和高尔夫球手进行为期四周的训练，有 6 名运动员按要求完成了训练和测量任务，结果表明心流随着训练周期的增加而呈上升趋势，第四周的心流水平显著高于第一周的心流水平 [143]。但是，以上研究也存在局限，一是被试样本量太少；二是有的实验是个案研究，没有对照组；三是只对干预研究做了及时后测，没有追踪干预在一段时间周期后的效果如何。因此，本实验将针对较大样本开展随机对照实验，考察正念训练干预心流体验的即时效果和追踪效果。

正念训练可以有效缓解焦虑。有元分析研究指出，正念训练对焦虑症状的干预效果有显著的中等效果量，而且在随访中干预效果仍然保持中等效果量 [283-284]。然而，任志洪等的元分析研究发现，正念冥想对干预焦虑有显著的即时效果，但是追踪效果不显著 [285]。这三项元分析主要针对焦虑症状和状态焦虑做了系统评价，表明正念训练对焦虑有显著的干预效果。一项通过对高、低特质焦虑钢架雪车运动员进行的正念减压训练的研究发现，低特质焦虑组的特质焦虑水平前后测差异不显著，高特质焦虑组的特质焦虑水平后测时显著降低 [286]，表明高特质焦虑个体接受正念减压训练受益较大，特质焦虑水平会显著降低，而低特质焦虑个体本身的特质焦虑水平就低，接受正念减压训练后变化不大。然而，Kaufman 等的研究发现为期四周的正念运动表现促进训练前后，高尔夫球手和弓箭手的运动特质焦虑没有发生显著的变化 [143]，原因可能有三个：一是特质焦虑是一种相对稳定的人格特质，四周的训练时间较短，尚未引起显著的变化；二是该研究中正念运动表现促进课程仅采用了8周正念减压课程中的几个练习，并没有系统地开展正念训练，可能会使正念训练的效果打折扣；三是该研究对象的特质焦虑水平前测平均值低于其量表常模水平近一个标准差，可以视研究对象为低特质焦虑个体，正念运动表现促进训练对低特质焦虑被试的特质焦虑水平干预效果不显著。因此，本书将以高特质焦虑个体为研究对象，采用标准八周正念减压课程的方案，来检验正念训练对特质焦虑的干预效果。

综上所述，本书的目的是考察高特质焦虑个体在接受标准8周正念训练后，对心流体验和特质焦虑影响的即时效果和追踪效果。通过上面的分析，可以预期正念训练能有效提升心流体验，干预效果持续，也能有效缓解特质焦虑。

二、研究方法

（一）研究对象

本书面向某高校的1976名大一学生进行问卷调查以筛选被试，由主试亲自到每一个班级介绍实验情况和正念训练，现场发放问卷。被试的筛选与排除标准如下：第一，用特质焦虑量表选出高特质焦虑的被试，方法同子研究1；第二，根据被试的打游戏水平和每周平均玩游戏时间，排除打游戏水平很高和很低的被试，具体方法同子研究1；第三，选出高考英语成绩为80～100分的大学生；第四，排除患有心脏病、精神分裂症等严重生理疾病或精神疾病的个体；第五，所有被试的视力或矫正视力正常，双手能灵活操作游戏机，且没有参加过类似实验。经过筛选有97人符合实验条件并为这97位同学做了课前介绍，其中包括正念训练的课程内容、训练时间、实验流程、实验任务、报酬等相关事项，学生自愿参加。最后有 67 名高特质焦虑大学生参加实验，平均年龄为 19.08 岁，特质焦虑得分为 54.33 ± 5.57。

将 67 名被试随机分成两组，实验组 35 人，对照组 32 人。在正念训练的过程中实验组有 4 人离开，干预实验结束第一次后测时，实验组 31 人接受后测，对照组 31 人接受后测，实验结束三个月后第二次后测，实验组 28 人接受测试，对照组 31 人接受测试。

（二）测量工具

采用状态—特质焦虑量表中的特质焦虑量表（T-AI），具体内容同上。测量打游戏心流体验的量表同预实验，学习心流量表同子研究 4，均是在刘微娜修订的《简化状态流畅量表》基础上略作调整。

注意控制量表中的注意力集中分量表，具体内容同子研究 2c。在本书中该分量表的内部一致性系数为 0.83。

（三）实验材料

因学习心流测试要做三次，被试需要识记的单词数量增加，保留子研究 4 筛选出的 28 个英语六级词汇，另外从两本考研英语词汇书中选出 123 个常用复合词。请 40 名大一学生（高考英语 80 ～ 100 分）评定实验材料，要求被试把单词的汉语翻译写出来，只要写对其中一个中文释义或意思与释义接近即为认识该单词，统计出被试对每个单词认识的频率，选择认识频率低的词汇作为实验材料，得到认识频率为 0（16 个）、1（13 个）、2（8 个）的词汇共 37 个。合计从英语六级词汇和考研词汇中选出 65 个复合词汇，在保证单词陌生的前提下，尽可能使单词的字母数比较接近，删掉 5 个字母数太多和太少的单词，最后保留 60 个词汇作为实验材料。打游戏任务借助小型掌上游戏机，使用 Level1 模式下的俄罗斯方块游戏，同子研究 1。

正念训练课程主要是根据 8 周正念减压课程（MBSR）和 8 周正念认知疗法（MBCT）的课程内容安排的，没有安排"一天静默止语"和"正念瑜伽"练习。除此之外，课程内容和家庭作业主要参照《抑郁症的正念认知疗法（第二版）》[287] 和《八周正念之旅：摆脱抑郁与情绪压力》[288] 执行，还参考了《正念减压自学全书》[289]《心理治疗中的智慧与慈悲》[290]《正念心理治疗师的必备技能》[291]《接纳承诺疗法简明实操手册》[292] 以及其他与正念治疗相关的内容。本课程也是 8 周，每周集中指导练习一次，每次 2 至 2.5 小时，其余 6 天被试自主练习并完成练习记录表。每次课程结束时都要向被试发放本周的主题学习资料、课后阅读资料、课后练习记录纸，要求被试课后完成相应的练习并做好练习感受记录，同时收回上一周的家庭作业记录纸。为了督促被试认真完成家庭作业，还建立了微信群，分享本周正式练习的音频，交流和讨论练习中的体验、发现或困惑，每天提醒大家完成正念练习打卡。在正式开始第一周课程之前，为实验组同学上一次预备课，简单介绍正念训练课程的基本原理、作用、课程计划、课程要求、保密原则等内容。正念训练课程安排如表 6-1 所示。

表 6-1　正念训练课程安排

周次	课程内容	课后练习
1	主题：觉知与自动运行 课程简介，自我介绍，分享参与动机； 正念与自动运行 / 导航； 吃葡萄干练习； 对葡萄干练习的反馈和讨论； 身体扫描练习； 对身体扫描练习的反馈和讨论； 布置课后练习作业，发课后练习相关资料； 慈心祝福，结束课程	（1）每天跟着音频做身体扫描练习 （2）尝试在生活中做正念练习，如正念吃饭、正念刷牙、正念行走

周次	课程内容	课后练习
2	主题：另一种知晓方式 身体扫描练习； 练习反馈与课后作业回顾； 九点练习及讨论； 两种认知方式：思考与直接感知； 情绪与想法的本质； 街头偶遇练习； 注意力聚焦练习（正念呼吸）； 愉快体验日历表； 布置课后练习作业，分发相关资料，结束课程	（1）身体扫描，每日练习 （2）正念呼吸，把注意力聚焦在某个锚定点上，每日练习 （3）每日正念练习 （4）愉快体验日历表
3	主题：回到当下——聚焦散乱的心 5分钟看或听的练习； 正念静坐冥想； 练习反馈，回顾课后作业； 心智游离的心理教育； 正念伸展及练习反馈； 3分钟休息时间练习及回顾； 不愉快体验日历； 身心合一练习； 布置课后练习作业，分发相关资料，结束课程	（1）身体扫描，星期一、星期三、星期五练习 （2）正念伸展，星期二、星期四、星期六练习 （3）3分钟呼吸空间练习，每天3次 （4）每日正念练习 （5）不愉快体验日历表
4	主题：识别厌恶（规避反应） 正念静坐：声音与想法； 练习反馈与课后练习回顾； 规避反应剖析的心理教育； 聚焦注意与开放注意练习； 3分钟呼吸空间练习及回顾； 正念行走； 布置课后练习作业，分发相关资料； 慈心祝福，结束课程	（1）身体扫描，星期一、星期三、星期五练习 （2）正念行走，星期二、星期四、星期六练习 （3）3分钟呼吸空间，每天3次 （4）觉察自己面对压力的惯性反应 （5）记录沟通困难事件 （6）每日正念静坐：想法与声音

周次	课程内容	课后练习
5	主题：发现选择的空间与可能性 正念聆听； 正念行走； 练习反馈与课后练习回顾； 压力应对，觉察面对压力时的惯性反应，探索其他回应方式，S-T-O-P 压力应对步骤； 3 分钟呼吸空间（回应版）； 困难事件记录表； 识别困难：人际沟通情景模拟； 布置课后练习作业，分发相关资料，结束课程	（1）正念行走与正念聆听交替练习 （2）高山冥想 （3）3 分钟呼吸空间（回应版），每天 3 次 （4）将正念带入人际沟通中
6	主题：允许／顺其自然 正念伸展 正念静坐冥想 练习反馈与课后练习回顾； 接纳与顺其自然的心理教育； "不"与"是"的练习； 解离练习； 与困难共处练习； 正念冥想练习：与情绪相处； 布置课后练习作业，分发相关资料，结束课程	（1）与困难相处练习（有指导练习音频），星期一、星期三、星期五练习 （2）正念静坐冥想（无指导练习音频），星期二、星期四、星期六练习 （3）3 分钟呼吸空间（常规版、回应版），每天 3 次
7	主题：想法只是想法，将友善化为行动 正念静坐； 正念运动； 练习反馈与课后练习回顾； 想法不是事实的心理教育； 将想法看作心理事件的三种练习； 想法并非事实的练习； 心智中最无益的 10 种想法； 用行动改变情绪； 布置课后练习作业，分发相关资料，结束课程	（1）正念静坐、身体扫描、正念运动，每天选择其中一个练习 （2）认出自己的 10 个无益思维模式 （3）我的愉悦型活动清单，我的掌控型活动清单

周次	课程内容	课后练习
8	主题：活在当下，静观新人生 慈悲身体扫描； 练习反馈，回顾 8 周课程中的所有体验，反思从正念练习中获得的益处； 持续进行正念练习的理由； 日常生活中深入正念练习的不同方式； 给自己写一封信； 人生五章； 慈心祝福，结束课程	（1）建议正念生活化 （2）建议参加正念共修公益指导，每周坚持 2～3 次正式练习

（四）实验设计与程序

采用实验组、对照组前后测实验设计。被试随机分成实验组和对照组，完成前测，然后实验组被试接受为期 8 周的正念训练，对照组在实验组接受正念训练的同一时间阅读心理学类书籍。训练结束时两组被试都要完成后测，训练结束三个月后，两组被试均完成追踪测试。三次测试的内容都包括特质焦虑量表、注意力集中分量表、打游戏任务和游戏心流测试、英语单词识记任务和学习心流测试，其中打游戏任务中 Speed 1、Speed 5、Speed 8 按照拉丁方顺序排列，打游戏任务和单词识记学习任务随机呈现，两种任务的具体操作方法同上。在实验过程中有些被试因各种原因离开，即时后测时共有 62 名被试参与，追踪测试时有 59 名被试参与。在完成每一次测试任务时现场给被试赠送纪念品，实验组被试每人再赠送一本著作《正念禅修：在喧嚣的世界中获取安宁》，供课外阅读。实验流程见图 6-1。

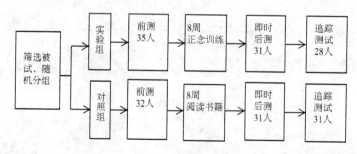

图 6-1　干预实验流程图

笔者是此次正念训练课程的指导者。在此之前，笔者阅读了正念训练的相关著作；在线学习了正念认知疗法课程、正念冥想课程；在"5P医学" App 上听了很多相关讲座，并跟随所有的音频完成了练习；加入正念练习公益指导群练习了一年，在此之后笔者参加了"8周正念减压课程"培训，系统地学习了相关理论知识和实践技能，指导老师是来自美国麻省大学医学院静观中心与美国布朗大学静观中心双重认证的督导师、师资培训师。笔者在工作中也带领学员做正念练习，具备一定的经验和能力。

三、研究结果

（一）正念训练干预效果检验

针对基线测试中两组被试在特质焦虑量表、注意力集中分量表、学习心流量表、游戏心流量表上的得分进行独立样本 t 检验。结果（表 6-2）表明，前测时实验组与对照组在几个变量上均没有显著差异，据此，我们认为实验组和对照组的被试是没有差异的，都属于非临床高特质焦虑水平的个体。

表6-2 实验组和对照组前测时各量表得分差异检验

变量	实验组 (*n*=35)	对照组（*n*=32）	*t*	*p*
	M ± *SD*	*M* ± *SD*		
特质焦虑	54.00 ± 4.55	54.66 ± 6.59	-0.47	0.635
注意力集中	16.17 ± 2.77	17.25 ± 2.35	-1.71	0.092
学习心流	33.83 ± 5.42	33.44 ± 5.01	0.31	0.761
Speed 1 的心流	33.11 ± 5.92	34.69 ± 4.58	-1.21	0.232
Speed 5 的心流	30.43 ± 4.94	32.06 ± 3.76	-1.51	0.136
Speed 8 的心流	27.03 ± 5.31	26.81 ± 4.53	0.18	0.859

实验组正念训练结束后进行后测，实验组与对照组在各量表上的得分进行独立样本 *t* 检验，结果（表6-3）表明，两组被试在特质焦虑、注意力集中、学习心流、游戏心流的得分上均存在显著差异。实验组的特质焦虑显著低于对照组，学习心流、游戏心流、注意力集中显著高于对照组。

表6-3 实验组和对照组后测时各量表得分差异检验

变量	实验组 (*n*=31)	对照组 (*n*=31)	*t*
	M ± *SD*	*M* ± *SD*	
特质焦虑	45.65 ± 6.66	53.35 ± 5.66	-4.91***
注意力集中	19.55 ± 2.56	17.13 ± 2.74	3.58***
学习心流	36.19 ± 3.26	33.29 ± 5.21	2.63*
Speed1 的心流	38.71 ± 3.61	35.10 ± 4.12	3.66***
Speed5 的心流	35.97 ± 4.33	32.81 ± 4.54	2.80**

续　表

变量	实验组 (*n*=31)	对照组 (*n*=31)	*t*
	$M \pm SD$	$M \pm SD$	
Speed8 的心流	31.68 ± 4.54	28.10 ± 4.81	3.01**

注：* 为 $p<0.05$，** 为 $p<0.01$，*** 为 $p<0.001$。

正念训练结束三个月后，对两组被试进行追踪测试，结果（表6-4）表明，两组被试在几个量表上的得分均存在显著差异。实验组的特质焦虑显著低于对照组，学习心流、游戏心流、注意力集中显著高于对照组，与后测时的结果一致。

表6-4　实验组和对照组追踪测试时各量表得分差异检验

变量	实验组 (*n*=28)	对照组 (*n*=31)	*t*
	$M \pm SD$	$M \pm SD$	
特质焦虑	44.71 ± 6.53	53.23 ± 5.84	-5.28***
注意力集中	19.68 ± 2.79	17.87 ± 2.36	2.69**
学习心流	36.43 ± 3.10	31.65 ± 5.05	4.32***
Speed 1 的心流	37.86 ± 3.76	35.68 ± 4.33	2.05*
Speed 5 的心流	35.86 ± 3.86	33.26 ± 3.69	2.64*
Speed 8 的心流	31.18 ± 4.77	27.26 ± 5.15	3.02**

注：* 为 $p<0.05$，** 为 $p<0.01$，*** 为 $p<0.001$。

为了深入了解正念训练的干预效果，对每组被试三次测试的结果分别进行配对样本 *t* 检验。两组被试前测和后测中各量表得分差异比较结果见表6-5。对照组被试在前测和后测中所有量表的得分都没有显著差异。实验组被试后测时特质焦虑显著下降，注意力集中、学习心流和游戏心流显著上升。

表6-5 各变量干预效果的前测与后测配对样本 t 检验结果

变量	组别	t	组别	t
特质焦虑	实验组	5.36***	对照组	1.94
注意力集中	实验组	-5.71***	对照组	0.07
学习心流	实验组	-2.09*	对照组	0.21
Speed 1 的心流	实验组	-5.53***	对照组	-0.58
Speed 5 的心流	实验组	-5.71***	对照组	-0.97
Speed 8 的心流	实验组	-5.02***	对照组	-1.56

注：*$p<0.05$，***$p<0.001$。

两组被试前测和追踪测试中各量表得分差异比较结果见表6-6。对照组被试在前测和追踪测试中所有量表的得分都没有显著差异。实验组被试在前测和追踪测试中，几个量表的得分均存在显著差异。

表6-6 各变量干预效果的前测与追踪测试配对样本 t 检验结果

变量	组别	t	组别	t
特质焦虑	实验组	5.40***	对照组	1.44
注意力集中	实验组	-5.42***	对照组	-1.88
学习心流	实验组	-2.42*	对照组	1.51
Speed 1 的心流	实验组	-5.32***	对照组	-1.19
Speed 5 的心流	实验组	-5.64***	对照组	-1.85
Speed 8 的心流	实验组	-3.61***	对照组	-0.47

注：*$p<0.05$，***$p<0.001$。

两组被试后测和追踪测试中各量表得分差异比较结果见表 6-7。对照组被试在后测和追踪测试中各量表的得分均无显著差异。实验组被试在后测和追踪测试中，所有量表的得分也没有显著的差异。

表 6-7　各变量后测与追踪测试的配对样本 *t* 检验结果

变量	组别	*t*	组别	*t*
特质焦虑	实验组	0.64	对照组	0.12
注意力集中	实验组	-0.22	对照组	-1.56
学习心流	实验组	-0.46	对照组	1.64
Speed 1 的心流	实验组	0.95	对照组	-0.75
Speed 5 的心流	实验组	0.03	对照组	-0.71
Speed 8 的心流	实验组	0.31	对照组	0.98

表 6-5 显示，实验组被试在前测和后测中各变量均发生了显著的变化，说明正念训练干预效果显著。表 6-7 显示，实验组被试在三个月后的追踪测试结果与后测结果的差异均不显著，表明三个月后各变量的干预效果依然保持着。这说明特质焦虑个体的心流体验在正念训练的作用下，跃升到一个更高的水平并且长期保持稳定，即心流体验发生了稳态应激并形成了新稳态。

综合以上结果可知，前测时两组被试在各变量上的得分均没有显著差异。后测时实验组的注意力集中、游戏心流、学习心流得分均显著高于对照组，特质焦虑显著低于对照组。追踪测试时，实验组与对照组在各变量上的得分差异与后测时一致。对照组在前测、后测、追踪测试中，各量表得分均无显著差异。实验组在前测与后测比较中，几个量表的得分均存在显著差异；在后测和追踪测试比较中，所有量表的得分均没有显著的差异。这表明正念训练对高特质焦虑个体的特质焦虑、注意力集中、学习心流、游戏心流的干预效果显著，而且干预效果在追踪测试中依然能够稳定保持着。

（二）正念训练干预效果的发展趋势

1. 正念训练对特质焦虑的干预效果

正念训练对特质焦虑的干预效果如下（图 6-2）。实验组被试在接受 8 周正念训练结束时特质焦虑水平显著下降，追踪测试时特质焦虑水平仍保持下降趋势。对照组被试的特质焦虑水平在三次测试中没有发生显著变化。说明正念训练可以有效缓解高特质焦虑个体的特质焦虑水平，且三个月后干预效果依然保持。

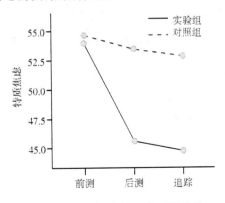

图 6-2　特质焦虑的正念干预效果

2. 正念训练对注意力的干预效果

正念训练可以显著提升实验组被试的注意力集中水平，且干预效果在三个月后依然保持；对照组的注意力集中水平在三次测试中没有显著差异（图 6-3）。

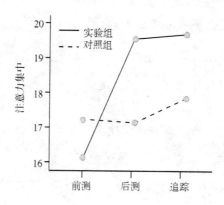

图 6-3　注意力集中的正念干预效果

3. 正念训练对心流体验的干预效果

通过打游戏任务引发心流体验可能存在练习效应，即玩的次数越多就越熟练，打游戏技能水平会得到提高，心流体验也会随之升高，这可能会与正念训练对心流的干预效果混淆在一起。因此，本实验根据预实验的结果，选择了三种不同主观难度的任务（Speed1 为挑战低于技能，Speed5 为挑战与技能平衡，Speed8 为挑战高于技能），以提高测量结果的可靠性。另外，本实验还增加了英语单词识记学习任务，从不同的角度来检验正念训练对心流体验的干预效果（图 6-4）。结果表明，正念训练可以显著提高被试的心流体验。从图 6-5、图 6-6 和图 6-7 中对照组的游戏心流发展趋势可得知，被试在实验过程中，随着打游戏的次数增多，心流体验也呈现出上升趋势，练习有利于引发心流，但是对照组不管完成哪种游戏任务，在三次测试中的游戏心流差异均不显著，说明本实验中练习次数较少，对心流体验的促进作用较弱，没有引起心流体验发生显著的变化。

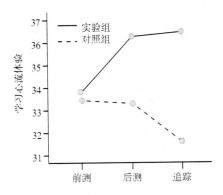

图 6-4 学习心流的正念干预效果

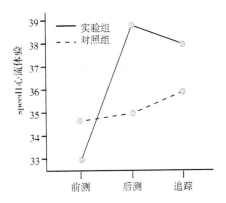

图 6-5 挑战低于技能时游戏心流的干预效果

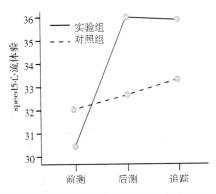

图 6-6 挑战与技能平衡时游戏心流的干预效果

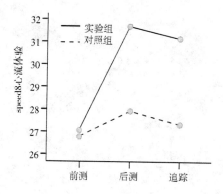

图6-7 挑战高于技能时游戏心流的干预效果

实验组在正念训练结束时三种游戏任务的心流体验均显著提高；追踪测试时的游戏心流与后测时相比，虽然没有发生显著变化，但是三种任务的游戏心流都略有下降，这进一步说明在本实验中，被试打游戏练习对心流体验的影响微弱，没有表现出明显的练习效应。正念训练可以显著地提升游戏心流和学习心流，而且三个月后干预效果稳定保持。

四、讨论

正念训练显著提升了被试的注意力集中水平，原因是正念训练要求被试有意识地、专注地觉察此时此刻的体验，注意力集中在当下。当被试觉察到自己走神或分心时，要温和地把注意力带回到当下，这依然是要求被试对当下保持持续的关注。其他研究也发现正念训练可以使被试对活动对象保持持续的关注[280]。显然，该研究结果支持了本书中"正念训练的实质是注意力训练，能提高个体的注意力集中水平"这一观点。

本实验对非临床特质焦虑个体进行正念训练，发现被试的特质焦虑显著下降，而且干预效果持续。人们往往认为特质焦虑是一种稳定的个性特征，很难改变。事实上，个性特征的稳定性是指某种特质通常保持在某一水平上下，而不是绝对不变，如果个体经历了较强或持续的刺激，其个性特征是有可能发生显著变化的。同理，特质焦虑也是会发生变化的。在本实验中，高特质焦虑被试的特质焦虑平均水平从前测的 53.32 降低到后测的 45.65，差异显著，p<0.001，这并不意味着高特质焦虑个体在接受正念训练后变成了低特质焦虑个体，只是高特质焦虑个体的特质焦虑水平在接受正念训练之后显著降低了，其得分仍然高于常模水平 43.31[222]。另外，高特质焦虑个体经常处于焦虑状态，担心未来可能会发生糟糕的事情，并伴随着担忧、害怕、恐慌等负面情绪。而正念训练引导个体专注于此时此刻的体验，并保持开放、非评判、接纳的态度，使得个体把注意资源分配在当下的体验上，减少了对未来的顾虑。对此刻情绪和想法的接纳与不评判，使个体把这些负面情绪和想法当作一次心理事件而非事实，这也会降低个体的焦虑水平。接受 8 周完整系统的训练后，被试基本掌握了正念训练的常规练习，当发现自己焦虑时，能够自主做正念练习，调节自己的焦虑情绪，使自己在平常生活中保持相对较低的焦虑水平，因而追踪测试时特质焦虑水平仍比较低，干预效果持续。

正念训练显著提高了高特质焦虑个体的心流体验，且干预效果持续。正念训练提高心流体验的路径可能有三条。一是被试接受正念训练后注意力更加集中，增强了目标导向的注意控制系统，降低了焦虑个体倾向于刺激驱动带来的不良影响。注意控制理论认为个体有两种注意系统，自上而下的目标导向系统和自下而上的刺激驱动系统，个体对外界事物进行感知时，这两种系统会不断切换[32]，但是当注意力集中时，对活动稳定持续的注意，会帮助目标导向的注意系统高效地搜索和锁定关键信息，同时会抑制刺激驱动的注意系统，防止无关信息的干扰，从而帮助个体获得心流体验。二是正念训练使得高特质焦虑个体的注意力集中水平提高，能把注意力集中在此时此刻，对当前活动任务保持更长时间的专注，促进了心流的出现。有研究指出正念训练提供了练习保持专注的机会，使得在心流过程中更容易保持专注[231]，心流也会更深。其他研究也发现持续的注意力与心流正相关[36]，持续注意力表现越好，心流体验就越深。三是正念训练通过减轻高特质焦虑个体的消极情绪来促进心流。正念是一种不加批判的觉察，个体只是客观地看着各种想法和念头升起，又自动消失，知晓想法只是想法，情绪只是情绪，想法与情绪都不是事实，以保持接纳的态度不做与自我相关的负面评价，也不被负面情绪裹挟着陷入恶性循环。有研究发现，消极情绪可能会干扰或阻碍心流体验的发生[293]，而正念训练可以调节个体的注意分配，缓解抑郁、焦虑等负面情绪[294]，减少了消极情绪对心流体验的负面影响。因此，正念训练能帮助个体减少消极的想法和情绪，避免消极情绪抑制心流体验的发生。

对照组在三次测试中的游戏心流体验差异均不显著，说明高特质焦虑个体在打游戏中引发的心流体验，随着时间推移保持在某个水平上下，具有一定的稳定性。对照组在三次测试中的学习心流体验差异不显著，说明高特质焦虑个体在单词识记学习中引发的心流体验也具有跨时间稳定性。显然，高特质焦虑个体的心流体验在不同情境中都具有跨时间稳定性，采用游戏和学习两种实验任务考察心流体验的变化，使研究结果更具有推广性。需要强调的是，虽然对照组在前、后测中的游戏心流体验的差异均不显著，但是，后测时的游戏心流体验均略有上升，可能是因为经过前测的练习后，被试熟悉了俄罗斯方块游戏的操作，对完成任务有信心，有利于心流体验的发生。有研究表明，信心是心流状态的重要预测因素[130]，支持我们从自信的角度来解释上述现象，即个体对所从事活动越熟悉，完成活动的自信心越强，体验到的心流也越强。

五、小结

从本实验的研究结果可得知：正念训练可以显著提升特质焦虑个体的注意力集中水平，而且三个月后干预效果仍然稳定保持；正念训练可以显著降低高特质焦虑个体的特质焦虑水平，干预效果会稳定保持；特质焦虑个体的心流体验能在正念训练后跃升到一个更高的水平，并稳定地保持下来。

第七章　总讨论与研究前景

　　本章将对前面提出的三个核心问题的研究结果进行总结，并讨论本书的创新点、启示和不足，对未来开展相关研究提出展望。

第一节　总讨论与结论

一、总讨论

（一）特质焦虑个体心流体验的特点

　　第一个核心问题是，特质焦虑个体有没有心流体验，尤其是高特质焦虑者，如果有，其心流体验有何特点？结果发现高、低特质焦虑个体都有心流体验，具体表现在三方面，第一，研究二和研究三表明，相同条件下，高特质焦虑个体的心流体验低于低特质焦虑个体，但是当高特质焦虑个体从事比较容易的任务，或注意力集中时，其心流体验比较高。这与前言中的调查结果相呼应，即"高特质焦虑个体也有心流体验，相比低特质焦虑个体，其心流体验比较低，但是在某些情况下其心流体验是比较高的"。第二，研究三和研究四的结果充分体现了心流三通道修正模型中，心流体验是动态变化的，可以沿着对角线从底端上升到高端的特点[12]，即表现出心流体验具有稳定性与变化性（短期、长期）的特点。其中，研究三发现特质焦虑个体的心流体验有跨时间和跨情境的稳定性，并且在某个范围内动态变化的特点，也就是心流体验会围绕某个平衡水平上下波动，短暂偏离后会回到原来的水平，具有稳态的特点[120]。研究四的实验组发现高特质焦虑个体的心流体验能发生持久的变化，跃升到更高的水平后，再次稳定地保持下来，也就是心流体验发生了稳态应激，形成了新稳态[122]。第三，研究三还发现特质焦虑可以明显地负向预测 6 个月后的心流体验，特质焦虑越高，半年后的心流体验就越低；高特质焦虑个体不仅心流体验低，心流体验的稳定性也较低。

（二）心流理论三通道修正模型的拓展

子研究 1 发现高、低特质焦虑个体都是在完成挑战低于技能的任务时心流体验最高，这与心流理论的观点是不一致的。如果只有高特质焦虑个体在完成容易任务时心流体验最高，可以解释为高特质焦虑个体有避免失败倾向[221]，会回避中等难度任务，倾向于选择容易任务，使其掌控感强、焦虑水平低，注意力更集中，心流体验更高，进而认为高特质焦虑个体作为特殊人群，其心流体验是个例外，不适合用心流理论解释。然而，高、低特质焦虑个体都是在完成容易任务时心流体验最高，与心流理论的观点不符，这促使我们思考以下几个问题。

一是心流理论可能只适用于某些情况，其解释范围是有限的。有研究发现，挑战与技能平衡似乎最有助于预测以内在动机取向为特征的目标导向的活动；当对绩效结果的关注度很高时，较低水平的挑战更令人愉快，因为这意味着参与者寻求获得外在奖励的可能性更大，或者避免失败造成的负面后果的可能性很大[144]。还有研究发现，当个体在意成绩或认为活动结果很重要时，挑战低于技能的任务引发的心流体验最高；相比重视结果的参与者，那些相对不重视结果的参与者在挑战与技能平衡时获得了更多的心流体验[38]。也就是说，以目标为导向的活动中挑战与技能平衡时心流体验最高，可以用心流理论来解释；以活动结果或成绩为导向的活动中，挑战低于技能时引发的心流体验最高，心流理论的解释力有限。在本书进行的实验中，经典俄罗斯方块游戏屏幕右上角会显示每一步操作后的实时成绩，被试玩游戏时会下意识地关注游戏得分，结果同样发现玩挑战低于技能的游戏任务时心流体验最高，与上述研究结果一致。因此，笔者认为本书中俄罗斯方块游戏容易引导被试以成绩为导向，而被试玩挑战低于技能的游戏任务时，有充足的时间和注意资源去思考接下来该如何操作才能使操作表现好、游戏得分高，被试的心情愉悦，心流体验更高。

二是对"挑战低于技能"的界定太笼统，可能是挑战远低于技能，也可能是挑战略低于技能。在已有的实证研究中，"挑战低于技能"的实验任务通常是指"挑战远低于技能"，足以引起参与者感到无聊，比如有研究用电脑编程的俄罗斯方块游戏作为实验任务，挑战低于技能的游戏其方块下落的速度极慢，使参与者感到很无聊 [62, 167]，相比之下，在本书中，挑战低于技能的实验任务 Speed 1 的速度只是比较慢，不足以令人无聊。因此，如果把方块下落速度极慢的游戏也作为本书的实验任务，被试对 Speed 1 的感知挑战与感知技能的关系评估将是挑战略低于技能，主观难度是比较容易。

挑战远低于技能会引发无聊，挑战远高于技能会引发焦虑，这一观点已是学者们的共识。有些研究发现，挑战低于技能时心流体验最高 [38, 136]，以及挑战高于技能时心流体验最高 [75, 145]，如果给这些研究再增加两个极端的实验条件，设计挑战远低于技能、挑战略低于技能、挑战与技能平衡、挑战略高于技能、挑战远高于技能五种实验条件，那么研究结果将成为挑战略低于技能时心流体验最高，或者挑战略高于技能时心流体验最高。换言之，主观任务难度为比较容易、中等难度、比较困难三种条件下都会产生心流体验，容易和困难两种条件下会产生无聊和焦虑，主观任务难度与心流体验之间的关系呈倒 U 形曲线（图 7-1）。已有研究发现，任务挑战水平与心流体验之间的关系呈倒 U 形曲线 [223-224]，挑战水平越高意味着任务的主观难度越高，挑战水平太低或太高，都会对心流体验造成负面影响，支持了本书的观点。

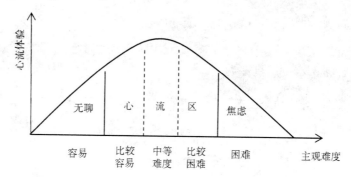

图 7-1　主观任务难度与心流体验的关系图

前文中阐释了心流理论可能只适用于某些情况，解释范围有限，不能解释"挑战低于技能时心流体验最高"这一结果。如果给本书增加一个"挑战远低于技能"的实验条件，图 4-1 中心流体验随着挑战水平的提高也将呈现出倒 U 形曲线，与图 7-1 的结果一致，那么，本书的结果就不是不符合心流理论三通道修正模型，而是部分支持该理论。据此，我们可以在心流理论三通道修正模型的基础上，用图 7-1 的思路来进一步完善该理论，使其解释力更强。因此，笔者提出心流理论的拓展模型（图 7-2），认为个体感知到的挑战与技能的关系对心流体验的影响是复杂的，挑战略低于技能、挑战与技能平衡、挑战略高于技能都可以引发心流体验，存在一个较大的心流区，个体的心流体验是动态变化的，随着技能水平和挑战水平的提高而不断加深，如果挑战远高于或远低于技能，二者严重失衡，会引发焦虑或无聊，但个体能通过调节挑战或技能的水平再次进入心流状态。

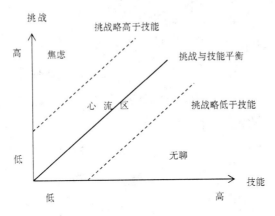

图 7-2 心流理论的拓展模型

（三）特质焦虑个体心流体验的心理机制

第二个核心问题是，特质焦虑个体心流体验的心理机制是什么？研究一通过元分析发现挑战与技能平衡、专注都是心流体验的重要维度，注意力集中可能是引发心流的前提，该研究为从注意力视角揭示心流体验的心理机制奠定了基础。在研究二中，子研究 1 表明挑战与技能关系会影响特质焦虑个体的心流体验，该现象能从注意力的视角做出合理解释；子研究 2 通过实验确认了注意力与心流体验之间的因果关系，注意力集中水平越高，个体的心流体验就越高，把注意力集中在完成任务本身上更有利于促进心流体验的发生，注意力集中在特质焦虑与心流体验的关系中起调节作用。研究四表明通过提升注意力集中水平能显著提升被试的心流体验，进一步证明注意力集中是引发心流体验的心理机制。

以上研究结果表明特质焦虑个体的心流体验会受到挑战与技能关系、注意力集中水平、注意焦点、特质焦虑水平的影响。其中，挑战与技能关系对心流体验的影响表现为：挑战高于技能时被试的注意力超载，注意力空间不足，无法完成游戏任务，会产生挫败感和焦虑感；挑战与技能平衡时被试的注意力空间刚好用来应对下落的方块，被试会尽力使方块放置在恰当的位置，此时被试注意力集中，会引发心流体验；本书中挑战低于技能实则为挑战略低于技能，被试对比较容易的活动任务操作更加轻松自如，比较容易的任务节约了注意资源，使被试注意资源充足，被试不仅能应对下落的方块，还可以观察和思考接下来的方块需要变换的形状和放置的位置，在方块下落前就做好了心理准备，从容不迫，对游戏有很强的控制感和享受感，心流体验最高；如果挑战远低于技能，被试的注意力过剩，多余的注意力空间会关注与活动无关的内外部刺激，导致被试分心，难以进入专注的心流状态。显然挑战与技能关系对心流体验的影响，本质上是注意资源是否充足的问题。已有研究发现，注意力集中在挑战与技能平衡与享受的关系中起调节作用[176]，享受是经历心流体验的结果，也就是说挑战与技能关系对心流体验的影响会受到注意资源投入的调节，这支持本书的观点。

　　研究二注意力集中和注意焦点对心流体验的影响体现了注意力与心流体验的因果关系。被试完成挑战低于技能、挑战与技能平衡、挑战高于技能三种任务时，一致表现出如果注意力集中水平高，心流体验也高，即便是完成挑战与技能平衡的任务，如果注意力集中水平低，心流体验也较低。当没有外部干扰时，被试的注意力集中，能全神贯注于活动任务，同样，当注意焦点为任务时，被试会高度专注于活动任务本身，都能促使被试进入心流状态。特质焦虑影响心流体验的原因之一也是注意力，高特质焦虑被试存在负性注意偏向[24]，容易在负面刺激上消耗过多的注意资源，导致对目标活动投入的注意资源不足，或者说除了目标活动外，还要同时加工其他不相关的刺激，使得注意力过载，难以进入行动与意识融合的心流状态；低特质焦虑被试能高度专注地完成当前活动任务，更容易获得心流体验。综上所述，引发心流体验的根本原因是个体的注意力高度集中，能把注意资源充分投入目标活动中，进而高度专注地完成当前活动任务，感受到心流体验。

据此，笔者认为注意力与心流体验的关系如图7-3所示，个体在完成当前任务的过程中，如果注意力过剩，多余的注意力会分散在无关刺激上，个体会走神，感到无聊无趣，从事特别容易的活动任务时会出现这种现象；当注意空间里有太多的刺激信息，注意力资源不足时，个体会感到不知所措，焦虑不安，从事特别困难的任务时会出现这种情况；当注意力高度集中于当前任务时，注意空间宽敞，个体有充足的注意资源可以把事情做好，从而沉浸在当前的活动中，进入心流状态。由于活动任务的特点不同以及存在个体差异，从事挑战与技能平衡、挑战略低于技能、挑战略高于技能的活动任务都会出现心流体验。

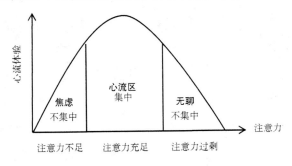

图7-3　注意力与心流体验的关系

（四）特质焦虑个体心流体验的稳态与跃迁

第三个核心问题是，基于心流体验的稳定性、变化性等特点，尝试把各项研究的结果整合在一个框架下，提出"心流体验的稳态与跃迁"模型。研究三表明，特质焦虑个体的心流体验不仅具有变化性，在某个范围内保持动态变化（短暂的变化），还具有一定程度的稳定性，其心流体验维持着动态平衡状态，与"心流体验是一种稳态"[124] 的观点不谋而合。研究四发现对照组被试的心流体验历时 5 个月，三次测试的得分均没有显著差异，再次表明心流体验具有一定的稳定性；实验组被试通过 8 周正念训练来提高注意力集中水平，引起心流体验的显著提升，而且这种干预效果在 3 个月后仍然保持着，心流体验发生了持久的变化，并稳定地保持了下来。换句话说，实验组被试的心流体验在正念训练后发生了稳态应激，跃迁到更高的心流水平，并形成了一个新稳态。该研究依然体现了特质焦虑个体心流体验的稳定性与变化性（显著而持久的变化）。

研究二表明，挑战与技能关系、注意力集中、注意焦点、特质焦虑都是心流体验的影响因素，其中，活动任务的挑战水平是一种客观环境因素，注意力集中水平和注意焦点属于心理因素，特质焦虑是一种稳定的人格特质，受遗传因素的影响较大。可以说，个体的心流体验受到环境因素、心理因素和遗传因素的共同影响，是个体与环境相互作用的结果。这与 Nakamura 等的观点一致，认为心流体验是人与环境相互作用的复杂动态系统，在不断地自组织，寻求达到一种平衡态[15]。自组织是指一个系统通过与外界交换物质、能量、信息，不断地降低自身的熵（无序），使系统的有序度不断增加进而达到负熵（有序），这是一个动态的调整过程[295]。自组织现象在很多领域是普遍存在的，许多系统进行着熵减、增序的进化过程[296]。契克森米哈赖受此启发，提出了"精神熵"的概念，认为精神熵是一种资讯对意识的目标构成威胁时引发的内在失序现象。精神熵的反面是"精神负熵"，也称为心流体验，这种状态下，个体能够主宰自己的精神能量，专注于自己选择的目标，意识秩序井然，自我体验臻于和谐[10]。心流体验也遵循着自组织范式，个体的意识会本能地寻求有序，把精神熵调节到精神负熵，从个体发展的角度来看，心流体验经历了有序—无序—再次有序的过程。契克森米哈赖提出，无论什么形式的心流活动，其关键点是能带来一种新发现，一种创造感，把当事人带入新的现实，促使一个人有更好的表现，把自我变得更复杂，使自我得到成长 [10]。综上所述，心流体验的发展变化过程，是个体不断经历自组织，实现自我进化的过程。对于本书中的特质焦虑个体来说，参与正念训练就是从外界吸取能量，减少精神熵的自组织过程，在训练的过程中个体的注意力越来越集中，能持续地专注于当下，焦虑水平也会下降，内心逐渐变得更加安宁有序，趋于负熵，使心境达到平衡状态。

心流体验作为一个复杂系统，遵循着平衡—不平衡—再平衡的普遍规律，再平衡既可以是原来的平衡态，也可以是新的平衡态。研究三表明，心流体验在围绕某个水平上下波动，而且保持在一定范围内波动，当心流体验偏离平衡态后会再次回到原来的平衡态，个体通过负反馈调节使心流体验维持在某个平衡状态，即心流体验通常能维持动态平衡，是一种稳态。研究四表明，特质焦虑个体在接受持续的正念训练后，心流体验显著提升，而且干预效果持续，说明心流体验发生了稳态应激，跃升到了更高的水平，形成了新稳态。研究三、研究四的结果符合心流三通道修正模型的观点，也与"幸福感的稳态与跃迁模型"的思维一致。跃迁的结果可能是上升，也可能是下降，在研究四中心流体验出现显著上升，其他研究发现心流体验也会出现下降，如自我客体化会导致个体的心流体验下降 [297-298]。这说明，心流体验与幸福感类似，也存在跃迁现象。综合以上研究结果，可以提出心流体验的稳态与跃迁模型，认为心流体验通常保持一种动态平衡状态（稳态），具有适度的稳定性和变化性，当受到强烈的或持续的刺激后，也会发生持久的变化并形成新稳态。

二、本书的创新点

（一）理论创新

本书提出了心流理论的拓展模型（图 7-2）。以往采用实验法开展的心流研究，主要是通过人为设计典型实验条件来验证心流理论。本书没有采用电脑编程的典型游戏作为实验条件，而是用现实生活中掌上游戏机里的经典俄罗斯方块游戏作为实验任务，发现挑战低于技能时心流体验最高。该结果与心流理论的观点不一致的原因在于对挑战与技能关系的界定存在差异，结合已有相关研究，推理出挑战略高于技能和挑战略低于技能时也会引发心流体验，存在一个更大的心流区，使心流理论的解释范围更广。

本书提出了"心流体验的稳态与跃迁"模型。已有的文献中体现了心流是一种稳态的思想，而稳态具有稳定性和适度的变化性。本书在心流三通道修正模型的指导下，以及"幸福感稳态与跃迁"模型的启发下，设计了一系列实验来验证特质焦虑个体的心流体验有稳定性与变化性（短暂变化、持久变化）的特点，把这些研究结果整合在一起，提出"心流体验的稳态与跃迁"模型，即心流体验既能维持稳态，也能跃升到更高水平，形成新稳态。这为今后的心流研究提供了新的解释框架。

本书提出注意力集中是引发心流体验的心理机制，并首次做出注意力与心流体验的关系图（图 7-3）。已有研究发现引发心流的前提主要是挑战与技能平衡、目标明确、及时准确的反馈，这些因素都是外部条件，停留在现象层面，本书进一步挖掘了心流现象背后的心理机制，延伸了研究的深度。指出个体在注意力充足时，容易进入心流状态，当注意力过剩或注意力不足时，会抑制心流体验的出现。

本书还拓展了心流研究的领域。已有的心流研究多以大学生、青少年、运动员、艺术创作者及精英人物为研究对象。本书以特质焦虑个体为被试，因为他们的焦虑水平通常比较高，人们对"特质焦虑个体的心流体验有何特点"这个问题的第一反应持悲观态度。然而研究结果是反直觉的，特质焦虑个体有心流体验，当从事容易任务或注意力高度集中时，心流体验比较高，通过正念训练其心流体验能得到显著提升，而且能长时间保持在更高水平，这颠覆了人们对特质焦虑个体的心流体验的认知。

（二）实践创新

本书采用俄罗斯方块游戏、在线学习和单词识记学习三种实验任务探索特质焦虑个体心流体验的特点和心理机制，提高了研究的外部效度，使研究结果的推广性较高。对于学生群体来说，可以通过正念训练来提高其注意力集中水平，进而提高学习心流体验，心流体验具有内在动机的作用，学生为了再次获得学习心流体验，会更加主动、专注地学习，不仅获得了更深的心流，也促进了学业表现，形成了良性循环。尤其是特质焦虑或状态焦虑水平较高的学生，教师和家长可以引导学生把注意力集中在完成学习任务本身上，去享受学习的过程，不要关注学习的结果，当学生觉察到自己焦虑或走神时，能做到随时随地做正念练习，让注意力集中到当下。这种方法为学校提高学生的心理健康水平和学业表现提供了新思路。

三、结论

本书以心流的前提、心流体验的影响因素、心流体验的变化性与稳定性，以及心流的跃迁作为逻辑主线，探索特质焦虑个体心流体验的特点，并从注意力视角挖掘了心流现象背后的心理机制，结论可概括为以下四点。

第一，特质焦虑个体有心流体验，当从事比较容易的活动任务或注意力集中时心流体验比较高。高特质焦虑个体的心流体验显著低于低特质焦虑个体，特质焦虑水平可以显著地负向预测半年后的心流体验水平，注意力集中在特质焦虑与心流体验的关系间起着调节作用。

第二，本书提出了心流理论拓展模型，认为不仅挑战与技能平衡时能引发心流体验，挑战略高于技能和挑战略低于技能也能引发心流体验，存在一个较大的心流区，扩大了心流三通道修正模型的心流通道范围，增强了心流理论的解释力。

第三，注意力集中是引发心流体验的心理机制，当注意力完全集中于当前活动，注意资源充足时就容易引发心流体验，当完成当前任务的注意力不足或注意力过剩时，容易引发负面情绪或分心，使得心流体验降低。

第四，本书提出"心流体验的稳态与跃迁"模型，认为心流体验通常维持一种动态平衡状态（稳态），具有适度的稳定性和变化性，当受到强烈或持续的刺激后，也会发生持久的变化并形成新稳态。

第二节　研究前景

一、本书的启示

本书对心流体验的理论发展和实践应用具有重要的启发意义。

本书的研究拓展了心流理论三通道模型，提出了心流理论的拓展模型；论证了注意力集中是引发心流的心理机制，初步构建了注意力与心流体验的关系图；还提出了心流体验的稳态与跃迁模型。这些模型不仅突破了已有心流理论把理论模型建立在挑战与技能平衡基础上的局限，而且为未来心流体验的相关研究提供了新的解释框架。

本书的研究可以用心流理论指导学生快乐学习。心流体验可以激发学生自主学习，有助于提高学业表现和快乐学习。心流体验"可遇而不可求"并不意味着心流是罕见的，令人望而兴叹的，其字面意思已经清楚地表达了"不可刻意去追求"，但是"可遇"，即不经意间就会体验到。如果个体在活动中不断提醒自己去觉察是否体验到了心流，越渴望体验到心流，就越会求而不得，因为注意力被分散了而不能全身心地投入活动中，阻碍了心流的发生。实际上，心流在某种程度上是可控的，并不都是巧合。我们经常听到"去享受做这件事的过程，而不要去关注它的结果""但行好事，莫问前程"，就是强调要全然地专注于手头的事情，会给人带来宁静与喜悦，如果关注其结果就容易让人分心，患得患失，胡思乱想，难以体验到活动本身带来的快乐或幸福。因此，在教育领域应用心流理论时，不是引导学生去追求心流体验或直接培养其心流状态，而是教育学生把注意力完全投入当前的活动任务上，专注于任务本身，心无旁骛，心流体验顺其自然就出现了，随之而来的就是学习带来的愉悦感，使学生能够快乐学习。

本书的研究为提升个体的心流体验提供了两种可行的实现路径。客观层面可以通过刻意练习不断提高自己的技能，使技能与挑战达到平衡或技能略高于挑战，个体能够胜任所面临的活动任务，就容易引发心流体验。心流三通道模型中，心流体验沿着心流通道从低向高发展，是一种成长型思维，鼓励人们为了获得心流体验而不断练习，来提高技能水平以迎接更高的挑战。刻意练习是一种有意注意，个体随着练习次数的增加，对所操作的活动越来越熟练，会进入自动化操作的状态，个体的注意水平也从有意注意发展到了有意后注意，原本由外显系统逐步处理的任务转变为由内隐系统主导的自动化加工过程，节省了注意资源，也抑制了反思系统，促进心流体验发生，可以说心流体验是刻意练习的结果。一旦个体感受到心流体验带来的愉悦感，就会渴望再次获得心流体验，而心流体验具备内在动机的作用，能激励个体自发地、主动地去投身其中，又促进了技能的增长，提高了心流体验出现的频率、持续的时间及强度。显然，刻意练习与心流体验之间形成了良性循环，这种循环不仅增加了个体积极应对挑战的动力，也增强了个人能力。主观层面可以通过提升个体的注意力集中水平来实现，如注意力训练、正念训练、冥想等技术都可以提升个体的专注力，使个体在完成一项活动任务时，更加全神贯注，达到忘我的状态，感受到内心的和谐、安宁和幸福。

本书的研究还为提升国民幸福感提供了一种策略，即通过获得心流体验来感受到幸福，而正念训练是一种理想的实现路径。心流体验的结果是个体愿意继续参与活动任务而不需要外部奖励，并且感到愉悦、享受、幸福。感受心流体验是一种能力，个体可以通过提高技能或专注力来培养这种能力，进而在日常生活、工作、学习中建立稳定和谐的内心秩序，获得源源不断的幸福。

二、本书的局限与展望

本书考察了特质焦虑个体心流体验的特点，发现了引发心流体验的心理机制，以及提升心流体验的方法，但是，本书也存在以下三个方面的局限。

第一，研究方法方面，本书把特质焦虑（高、低）作为自变量，是一种准实验逻辑，是为了研究需要人为选择的，不是操纵变量。

第二，本书以特质焦虑个体为研究对象，特质焦虑对心流体验影响的研究结果，是否能推广到状态焦虑尚不明确。未来的研究可以通过诱发或启动焦虑情绪，研究状态焦虑对心流体验的影响。

第三，子研究1发现心流体验随着任务难度增加呈倒U形曲线，推测任务很容易和很困难时会导致注意力不集中，心流体验低，中等难度任务时注意力集中，心流体验最高。子研究 2 通过因果确认发现注意力集中时，心流体验高；注意力不集中时，心流体验低。据此推理出，注意力与心流体验之间的倒 U 形关系图，但是，该模型并没有经过进一步的实证研究进行检验。未来的研究可以通过实验设计，来考察个体在注意力不足、注意力充足、注意力过剩三种条件下引发的心流体验，以检验注意力与心流体验的倒 U 形关系。

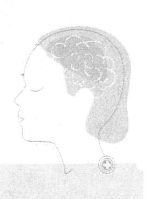

参考文献

[1] 蔡华俭，黄梓航，林莉，等.半个多世纪来中国人的心理与行为变化：心理学视野下的研究 [J].心理科学进展，2020，28（10）：1599-1618.

[2] 刘军强，熊谋林，苏阳.经济增长时期的国民幸福感：基于 CGSS 数据的追踪研究 [J].中国社会科学，2012（12）：82-102，207-208.

[3] CLARK W A V，YI D C，HUANG Y Q. Subjective well-being in China's changing society[J]. Proceedings of the National Academy of Sciences，2019，116（34）：16799-16804.

[4] STEELE L G，LYNCH S M. The pursuit of happiness in China：Individualism，collectivism，and subjective well-being during China's economic and social transformation[J]. Social Indicators Research，2013，114（2）：441-451.

[5] CARR A. Positive psychology：The science of happiness and human strengths[M]. Hove and New York：Brunner-Routledge，2004.

[6] CSIKSZENTMIHALYI M. Beyond boredom and anxiety：The experience of play in work and games[M]. San Francisco，CA：Jossey-Bass Publishers，1975.

[7] SNYDER C R，LOPEZ S J. Handbook of positive psychology[M]. New York：Oxford Press，2002.

[8] SELIGMAN M E P. Authentic happiness：Using the new positive psychology to realize your potential for lasting fulfillment[M]. New York：Free Press，2002.

[9] 希斯赞特米哈伊 M.创造力：心流与创新心理学 [M].黄珏苹，译.杭州：浙江人民出版社，2015.

[10] 契克森米哈赖 M.心流：最优体验心理学 [M].张定绮，译.北京：中信出版社，2017.

[11] 弗兰克尔.活出生命的意义 [M].吕娜，译.北京：华夏出版社，2018.

[12] CSIKSZENTMIHALYI M. Flow：The psychology of optimal experience[M]. New York：Harper Perennial，1990.

[13] FULLAGAR C J，KNIGHT P A，SOVERN H S. Challenge/skill balance，flow，and performance anxiety[J]. Applied Psychology，2013，62（2）：236-259.

[14] NIBBELING N，DAANEN H A M，GERRITSMA R M，et al. Effects of anxiety on running with and without an aiming task[J]. Journal of Sports Sciences，2012，30（1）：11-19.

[15] NAKAMURA J，CSIKSZENTMIHALYI M. The concept of flow[M]// SNYDER C R，LOPEZ S J. Handbook of positive psychology. New York：Oxford University Press，2002：89-105.

[16] JACKSON S A，FORD S K，KIMIECIK J C，et al. Psychological correlates of flow in sport [J]. Journal of Sport and Exercise Psychology，1998，20（4）：358-378.

[17] ASAKAWA K. Flow experience，culture，and well-being：How do autotelic Japanese college students feel，behave，and think in their daily lives?[J]. Journal of Happiness Studies，2010，11（2）：205-223.

[18] CATTELL R B，SCHEIER I H.The nature of anxiety：A review of thirteen multivariate analyses comprising 814 variables[J]. Psychological Reports，1958，4（3）：351-388.

[19] SPIELBERGER C D，GORSUCH R L，LUSHENE R D，. STAI： Manual for the state-trait anxiety inventory[J]. Self-Evaluation Questionnaire，1970：1-24.

[20] 邵秀巧. 特质焦虑者对威胁信息注意偏向的实验研究 [D]. 天津：天津师范大学，2008.

[21] KAHNEMAN D. Attention and Effort[M].New Jersey：Prentice Hall，1973.

[22] GIESBRECHT B，SY J，BUNDESEN C，et al. A new perspective on the perceptual selectivity of attention under load[J]. Annals of the New York Academy of Sciences，2014，1316（1）：71-86.

[23] 龚德英，刘电芝，张大均. 元认知监控活动对认知负荷和多媒体学习

的影响 [J]. 心理科学，2008（4）：880-882.

[24] 于永菊. 焦虑和抑郁对正负性注意偏向的影响：注意控制的中介作用 [J]. 心理与行为研究，2020，18（1）：121-127.

[25] PITTIG A，SCHERBAUM S. Costly avoidance in anxious individuals：Elevated threat avoidance in anxious individuals under high，but not low competing rewards[J]. Journal of Behavior Therapy and Experimental Psychiatry，2020，66（C）：101524.

[26] 毋媛，林冰心. 高特质焦虑个体对负性情绪信息注意偏向的机制探讨 [J]. 中国临床心理学杂志，2016，24（6）：992-995，1028.

[27] 刘尚礼. 威胁启动对不同焦虑水平跆拳道运动员视觉搜索的影响 [D]. 重庆：西南大学，2017.

[28] ROBINSON O J，KRIMSKY M，GRILLON C. The impact of induced anxiety on response inhibition[J]. Frontiers in Human Neuroscience，2013，7（1）：69.

[29] SARASON I G. Stress，anxiety，and cognitive interference：Reactions to tests[J]. Journal of Personality and Social Psychology，1984，46（4）：929-938.

[30] BLANKSTEIN K R，TONER B B，FLETT G L. Test anxiety and the contents of consciousness：Thought- listing and endorsement measures[J]. Journal of Research in Personality，1989，23（3）：269-286.

[31] EYSENCK M W，CALVO M G. Anxiety and performance：The processing efficiency theory[J]. Cognition & Emotion，1992，6（6）：409-434.

[32] EYSENCK M W，DERAKSHAN N，SANTOS R，et al. Anxiety and cognitive performance：Attentional control theory[J]. Emotion，2007，7（2）：336-353.

[33] CORBETTA M，SHULMAN G L. Control of goal-directed and stimulus-driven attention in the brain[J]. Nature reviews：Neuroscience，

2002，3（3）：201-215.

[34] 艾丽欣，王英春.焦虑对注意网络功能的影响：认知负荷的调节作用 [J]. 天津体育学院学报，2017，32（1）：73-80.

[35] 齐森青.特质焦虑影响抑制控制的认知神经机制 [D]. 重庆：西南大学，2014.

[36] SCHIEFELE U，RAABE A. Skills-demands compatibility as a determinant of flow experience in an inductive reasoning task[J]. Psychological Reports，2011，109（2）：428-444.

[37] GHANI J A，SUPNICK R，ROONEY P. The experience of flow in computer-mediated and in face-to-face groups[M]// Proceedings of the twelfth international conference on information Systems. New York：Academic Press，1991：229-237.

[38] ENGESER S，RHEINBERG F. Flow，performance and moderators of challenge-skill balance[J]. Motivation and Emotion，2008，32（3）：158-172.

[39] BAKKER A B. The work-related flow inventory：Construction and initial validation of the WOLF[J]. Journal of Vocational Behavior，2008，72（3）：400-414.

[40] TREVINO L K，WEBSTER J. Flow in computer-mediated communication：Electronic mail and voice mail evaluation and impacts[J]. Communication Research，1992，19（5）：539-573.

[41] ENGESER S. Comments on Schiefele and Raabe（2011）：Flow is a multifaceted experience defined by several components[J]. Psychological Reports，2012，111（1）：24-26.

[42] 彭凯平.幸福是一种有意义的快乐 [J]. 阅读，2017（72）：61-62.

[43] CSIKSZENTMIHALYI M. The evolving self：A psychology for the third millennium[M]. New York，NY：Harper Perennial，1993.

[44] MASLOW A H. Toward a psychology of being（2nd ed）[M]. New York，NY：Van Nostrand，1968.

[45] FRITZ B S，AVSEC A. The experience of flow and subjective well-being of music students[J]. Horizons of Psychology，2007，16（2）: 5-17.

[46] DROZD F，MORK L，NIELSEN B，et al. Better Days-a randomized controlled trial of an internet-based positive psychology intervention[J]. The Journal of Positive Psychology，2014，9（5）: 377-388.

[47] KABAT-ZINN J. Mindfulness-based interventions in context: Past, present, and future[J]. Clinical Psychology Science and Practice，2003，10（2）: 144-156.

[48] CSIKSZENTMIHALYI M，MASSIMINI F. On the psychological selection of bio-cultural Information[J]. New Ideas in Psychology，1985，3（2）: 115-138.

[49] CSIKSZENTMIHALYI M，CSIKSZENTMIHALYI I S. Optimal experience: Psychological studies of flow in consciousness[M]. New York: Cambridge University Press，1988.

[50] MASSIMINI F，CARLI M. The systematic assessment of flow in daily experience[M]// CSIKSZENTMIHALYI M，CSIKSZENTMIHALYI I S. Optimal experience: Psychological studies of flow in consciousness. New York: Cambridge University Press，1988: 266-287.

[51] 聂超. 推理任务中"心流"的影响因素研究 [D]. 上海: 上海师范大学，2017.

[52] 冉俐雯，刘翔平. 流畅体验理论模型探索 [J]. 求索，2013（6）: 112-114.

[53] QUINN R W. Flow in knowledge work: High performance experience in the design of national security technology[J]. Administrative Science Quarterly，2005，50（4）: 610-641.

[54] 契克森米哈赖 M. 发现心流: 日常生活中的最优体验 [M]. 陈秀娟，译. 北京: 中信出版社，2017.

[55] JACKSON S A，MARSH H W. Development and validation of a scale to measure optimal experience: The flow state scale[J]. Journal of Sport &

Exercise Psychology, 1996, 18（1）：17-35.

[56] RHEINBERG F, VOLLMEYER R, ENGESER S. Die erfassung des flow-erlebens（The assessment of flow experience）[M]// STIENSMEIER-PELSTER J, RHEINBERG F. Diagnostik von Motivation und selbstkonzept（Diagnosis of motivation and self-concept）. Göttingen: Hogrefe, 2003: 261-279.

[57] JACKSON S A, EKLUND R C. Assessing flow in physical activity: The flow state scale-2 and dispositional flow scale-2[J]. Journal of Sport and Exercise Psychology, 2002, 24（2）：133-150.

[58] SMITH J S. Flow theory and GIS: Is there a connection for learning?[J]. International Research in Geographical and Environmental Education, 2005, 14（3）：223-230.

[59] CSIKSZENTMIHALYI M, LEFEVRE J. Optimal experience in work and leisure[J]. Journal of Personality and Social Psychology, 1989, 56（5）：815-822.

[60] CHEN H. Flow on the net-detecting web users' positive affects and their flow states[J]. Computers in Human Behavior, 2006, 22（2）：221-233.

[61] KAWABATA M, MALLETT C J, JACKSON S A. The flow state scale-2 and dispositional flow scale-2: Examination of factorial validity and reliability for Japanese adults[J]. Psychology of Sport and Exercise, 2008, 9（4）：465-485.

[62] KELLER J, BLESS H. Flow and regulatory compatibility: An experimental approach to the flow model of intrinsic motivation[J]. Personality & Social Psychology Bulletin, 2008, 34（2）：196-209.

[63] NACKE L E, STELLMACH S, LINDLEY C A. Electroencephalographic assessment of player experience: A pilot study in affective ludology[J]. Simulation and Gaming, 2011, 42（5）：632-655.

[64] WOLLSEIFFEN P, SCHNEIDER S, MARTIN L A, et al. The effect

of 6 h of running on brain activity, mood, and cognitive performance[J]. Experimental Brain Research, 2016, 234（7）: 1829-1836.

[65] ULRICH M, KELLER J, HOENIG K, et al. Neural correlates of experimentally induced flow experiences[J]. NeuroImage, 2014, 86（1）: 194-202.

[66] ULRICH M, KELLER J, GRÖN G. Dorsal raphe nucleus down-regulates medial Prefrontal cortex during experience of flow[J]. Frontiers in Behavioral Neuroscience, 2016, 10: 169-178.

[67] YOSHIDA K, SAWAMURA D, INAGAKI Y, et al. Brain activity during the flow experience: A functional near-infrared spectroscopy study[J]. Neuroscience Letters, 2014, 573: 30-34.

[68] ESTERMAN M, ROSENBERG M D, NOONAN S K. Intrinsic fluctuations in sustained attention and distractor processing[J]. The Journal of Neuroscience, 2014, 34（5）: 1724-1730.

[69] HARMAT L, DE MANZANO Ö, THEORELL T, et al. Physiological correlates of the flow experience during computer game playing[J]. International Journal of Psychophysiology, 2015, 97（1）: 1-7.

[70] SALIMPOOR V N, BENOVOY M, LARCHER K, et al. Anatomically distinct dopamine release during anticipation and experience of peak emotion to music[J]. Nature Neuroscience, 2011, 14（2）: 257-262.

[71] DE MANZANO Ö, CERVENKA S, JUCAITE A, et al. Individual differences in the proneness to have flow experiences are linked to dopamine D2-receptor availability in the dorsal striatum[J]. NeuroImage, 2013, 67（1）: 1-6.

[72] DE MANZANO Ö, THEORELL T, HARMAT L, et al. The psychophysiology of flow during piano playing[J]. Emotion, 2010, 10（3）: 301-311.

[73] KIVIKANGAS J M. Psychophysiology of flow experience: An explorative study[D].[M]. Helsinki: University of Helsinki, 2006.

[74] SHIN D H，BIOCCA F，CHOO H. Exploring the user experience of three-dimensional virtual learning environments[J]. Behaviour and Information Technology，2013，32（2）：203-214.

[75] ABUHAMDEH S，CSIKSZENTMIHALYI M. Intrinsic and extrinsic motivational orientations in the competitive context：An examination of person-situation interactions[J]. Journal of Personality，2009，77（5）：1615-1635.

[76] HOFFMAN D L，NOVAK T P. Marketing in hypermedia computer-mediated environments：Conceptual foundations[J]. Journal of Marketing，1996，60（3）：50-68.

[77] JACKSON S A. Athletes in flow：A qualitative investigation of flow states in elite figure skaters[J]. Journal of Applied Sport Psychology，1992，4（2）. 161-180.

[78] JACKSON S A. Factors influencing the occurrence of flow state in elite athletes[J]. Journal of Applied Sport Psychology，1995，7（2）：138-166.

[79] JACKSON S A，CSIKSZENTMIHALYI M. Flow in sports[M]. Champaign，IL：Human Kinetics Publishers，1999.

[80] HARRIS D J，VINE S J，WILSON M R. An external focus of attention promotes flow experience during simulated driving[J]. European journal of sport science，2019，19（6）：824-833.

[81] 帕拉迪诺 L J. 注意力曲线：打败分心与焦虑 [M]. 苗娜，译. 北京：中国人民大学出版社，2016.

[82] CSIKSZENTMIHALYI M. The flow experience and its significance for human psychology[M]// CSIKSZENTMIHALYI M，CSIKSZENTMIHALYI I. Optimal experience：Psychological studies of flow in consciousness. New York，NY：Cambridge University Press. 1988：15-36.

[83] ASAKAWA K. Flow experience and autotelic personality in Japanese

college students: How do they experience challenges in daily life?[J]. Journal of Happiness Studies, 2004, 5（2）: 123-154.

[84] 尹雅兰. 心流在人格特质与高中生创造力之间的中介作用研究 [D]. 曲阜: 曲阜师范大学, 2020.

[85] ULLÉN F, DE MANZANO Ö, ALMEIDA R, et al. Proneness for psychological flow in everyday life: Associations with personality and intelligence[J]. Personality and Individual Differences, 2011, 52（2）: 167-172.

[86] WEIBEL D, WISSMATH B, MAST F W. Immersion in mediated environment the role of personality traits[J]. Cyberpsychology, Behaviour and Social Networking, 2010, 13（3）: 251-256.

[87] HELLER K, BULLERJAHN C, VON GEORGI R. The relationship between personality traits, flow-experience, and different aspects of practice behavior of amateur vocal students[J]. Frontiers in Psychology, 2015, 6: 1901-1915.

[88] KIMIECIK J C, STEIN G L. Examining flow experiences in sport contexts: Conceptual issues and methodological concerns[J]. Journal of applied sport psychology, 1992, 4（2）: 144-160.

[89] STAVROU N A. Confirmatory factor analysis of the flow state scale in sports[J]. International Journal of Sport and Exercise Psychology, 2004, 2（2）: 161-181.

[90] TENG C I. Who are likely to experience flow? Impact of temperament and character on flow[J]. Personality and Individual Differences, 2011, 50（6）: 863-868.

[91] FULLAGAR C J, KELLOWAY E K. 'Flow' at work: An experience sampling approach[J]. Journal of Occupational and Organizational Psychology, 2009, 82（3）: 595-615.

[92] RUSSELL W D. An examination of flow state occurrence in college athletes[J]. Journal of Sport Behavior, 2001, 24（1）: 83-107.

[93] 冯俊，路梅.移动互联时代直播营销冲动性购买意愿实证研究 [J]. 软科学，2020，34（12）：128-133，144.

[94] MANDIGO J L，THOMPSON L P. Go with the flow：How flow theory can help practitioners to intrinsically motivate children to be physically active[J]. Physical Education，1998，55（2）：145-160.

[95] 胡咏梅，蒋满华，孙延林.中美优秀女子排球运动员流畅心理状态特征的比较研究 [J].广州体育学院学报，2002（4）：42-43，46.

[96] 刘微娜.《简化状态流畅量表》和《简化特质流畅量表》中文版修订 [J].体育科学，2010，30（12）：64-70.

[97] 李广学，毕永兴，徐玄冲.《运动员流畅状态量表》的修订与检验：基于 FSS 和 OMSS 的整合测评 [J].武汉体育学院学报，2017，51（2）：74，80.

[98] 张平，史文文，罗金花，等.休闲骑行运动领域流畅状态量表的编制 [J].南京体育学院学报（自然科学版），2017，16（6）：66-71，80.

[99] 王鲁宁.舞蹈教学"身心合一"心流状态的激发方式探析 [J].四川戏剧，2019（11）：133-135.

[100] 叶波.中国职业舞者表演"流畅状态"分析 [J].北京舞蹈学院学报，2021（5）：96-99.

[101] 柳瑞雪，任友群.沉浸式虚拟环境中的心流体验与移情效果研究 [J].电化教育研究，2019，40（4）：99-105.

[102] 朱津沙.小学生流畅心理状态与学业成绩的关系研究：以小学英语教学为例 [D].南京：南京师范大学，2008.

[103] 王峥芳，周雅，刘翔平.流畅体验、内/外动机、数学焦虑及数学成绩的路径分析 [J].心理科学，2011，34（6）：1372-1378.

[104] 叶金辉.青少年学习沉浸体验研究 [D].南昌：江西师范大学，2013.

[105] SEDIG K. Toward operationalization of "flow" in mathematics learnware[J]. Computers in Human Behavior，2007，23（4）：2064-2092.

[106] ÖZHAN Ş Ç，KOCADERE S A. The effects of flow，emotional

engagement, and motivation on success in a gamified online learning environment[J]. Journal of Educational Computing Research, 2020, 57 (8): 2006-2031.

[107] 赵呈领, 王娴, 马晨星. 感知交互性对在线学习者持续学习意愿的影响: 基于 S-O-R 视角 [J]. 现代远距离教育, 2018 (3): 12-20.

[108] 陶佳, 范晨晨. 沉浸式学习理论视域下的游戏化课程目标设计: 机理、框架与应用 [J]. 远程教育杂志, 2021, 39 (5): 66-75.

[109] PACE S. A grounded theory of the flow experiences of web users[J]. International Journal of Human-Computer Studies, 2004, 60 (3): 327-363.

[110] NAH F H, ESCHENBRENNER B, DEWESTER D. Enhancing brand equity through flow and telepresence: A comparison of 2D and 3D virtual worlds[J]. MIS Quarterly, 2011, 35 (3): 731-747.

[111] HAUSMAN A V, SIEKPE J S. The effect of web interface features on consumer online purchase intentions[J]. Journal of Business Research, 2009, 62 (1): 5-13.

[112] PELET J, ETTIS S, COWART K. Optimal experience of flow enhanced by telepresence: Evidence from social media use[J]. Information & Management, 2017, 54 (1): 115-128.

[113] ZHOU T, LU Y. Examining mobile instant messaging user loyalty from the perspectives of network externalities and flow experience[J]. Computers In Human Behavior, 2011, 27 (2): 883-889.

[114] BRIDGES E, FLORSHEIM R. Hedonic and utilitarian shopping goals: The online experience[J]. Journal of Business Research, 2008, 61 (4): 309-314.

[115] ETTIS S A. Examining the relationships between online store atmospheric color, flow experience and consumer behavior[J]. Journal of Retailing and Consumer Services, 2017, 37: 43-55.

[116] SHIM S I, FORSYTHE S, KWON W S. Impact of online flow on

brand experience and loyalty[J]. Journal of Electronic Commerce Research，2015，16（1）：56-71.

[117] SU Y S，CHIANG W L，LEE C T J，et al. The effect of flow experience on player loyalty in mobile game application[J]. Computers in Human Behavior，2016，63：240-248.

[118] CHOU T J，TING C C. The role of flow experience in cyber-game addiction[J]. Cyberpsychology and Behavior，2003，6（6）：663-675.

[119] 贺金波，郭永玉，向远明. 青少年网络游戏成瘾的发生机制 [J]. 中国临床心理学杂志，2008（1）：46-48.

[120] 坎农. 躯体的智慧 [M]. 范岳年，魏有仁，译. 北京：商务印书馆，1982.

[121] STERLING P，EYER J. Allostasis：A new paradigm to explain arousal pathology[M]//FISHER S，REASON J. Handbook of life stress，cognition and health Chichester. England：Wiley，1988：629-649.

[122] 张铭. 稳态应激：变化的稳态 [J]. 生理科学进展，2015，46（4）：269-272.

[123] 孙俊芳，辛自强，包呼格吉乐图，等. 幸福感的稳态与跃迁：一个新的整合视角 [J]. 心理科学进展，2021，29（3）：481-491.

[124] GERGEN K J. Psychological constructs and paradigm survival：A response to Csikszentmihalyi and Massimini[J]. New Ideas in Psychology，1985，3（3）：253-258.

[125] MONETA G，CSIKSZENTMIHALYI M. The effect of perceived challenges and skills on the quality of subjective experience[J]. Journal of Personality，1996，64（2）：275-310.

[126] 契克森米哈赖 M. 自我的进化：第三千年心理学 [M]. 朱蓉蓉，译. 北京：世界图书出版有限公司北京分公司，2018.

[127] 郑雪，许思安，严标宾. 和谐心理学 [M]. 广州：广东高等教育出版社，2012.

[128] MAO Y H，YANG R，BONAIUTO M，et al. Can flow alleviate

anxiety? The roles of academic self-efficacy and self-esteem in building psychological sustainability and resilience[J]. Sustainability, 2020, 12 (7): 2987.

[129] JACKSON S A, FORD S K, KIMIECIK J C, et al. Psychological correlates of flow in sport[J]. Journal of Sport and Exercise Psychology, 1998, 20 (4): 358-378.

[130] KOEHN S. Effects of confidence and anxiety on flow state in competition[J]. European journal of sport science, 2013, 13 (5): 543-550.

[131] STAVROU N A, ZERVAS Y. Confirmatory factor analysis of the flow state scale in sports[J]. International journal of Sport And Exercise Psychology, 2004, 2 (2): 161-181.

[132] RANKIN K, WALSH L C, SWEENY K. A better distraction: Exploring the benefits of flow during uncertain waiting periods[J]. Emotion, 2019, 19 (5): 818-828.

[133] HONG J C, TAI K H, YE J H. Playing a Chinese remote-associated game: The correlation among flow, self-efficacy, collective self-esteem and competitive anxiety[J]. British Journal of Educational Technology, 2019, 50 (5): 2720-2735.

[134] 潘思妙. 关于口译焦虑与心流体验相关性的实证研究 [D]. 北京: 北京外国语大学, 2022.

[135] BUTZER B, AHMED K, KHALSA S B S. Yoga enhances positive psychological states in young adult musicians[J]. Applied psychophysiology and biofeedback, 2016, 41 (2): 191-202.

[136] KERR M. Examining the relationship between metacognition and anxiety with the flow experience[D]. New York: Mount Saint Vincent University, 2018.

[137] WIGGINS M S, FREEMAN P. Anxiety and flow: An examination of anxiety direction and the flow experience[J]. International Sports

Journal, 2000, 4（2）：78-87.

[138] CSIKSZENTMIHALYI M, RATHUNDE K. The measurement of flow in everyday life: Toward a theory of emergent motivation[J]. Nebraska Symposium on Motivation, 1992, 40: 57-97.

[139] STEIN G L, KIMIECIK J C, DANIELS J, et al. Psychological antecedents of flow in recreational sport[J]. Personality and Social Psychology Bulletin, 1995, 21（2）: 125-135.

[140] JACKSON S A, ROBERTS G C. Positive performance states of athletes: Toward a conceptual understanding of peak performance[J]. The Sport Psychologist, 1992, 6（2）: 156-171.

[141] CSIKSZENTMIHALYI M. Activity and happiness: Towards a science of occupation[J]. Journal of Occupational Science, 1993, 1（1）: 38-42.

[142] 斯力格, 江勇, 欧晓涛. 我国自由式滑雪空中技巧运动员流畅状态特征及其特质性心理因素的关系研究 [J]. 沈阳体育学院学报, 2010, 29（6）: 13-15.

[143] KAUFMAN K A, GLASS C R, ARNKOFF D B. Evaluation of mindful sport performance enhancement（MSPE）: A new approach to promote flow in athletes[J]. Journal of Clinical Sport Psychology, 2009, 3（4）: 334-356.

[144] ABUHAMDEH S. A conceptual framework for the integration of flow theory and cognitive evaluation theory[M]// ENGESER S. Advances in flow research. New York: Springer, 2012: 109-121.

[145] BAUMANN N, LÜRIG C, ENGESER S. Flow and enjoyment beyond skill-demand balance: The role of game pacing curves and personality[J]. Motivation and Emotion, 2016, 40（4）: 507-519.

[146] CSIKSZENTMIHALYI M. Learning, flow and happiness[M]// CSIKSZENTMIHALYI M. Applications of flow in human development and education. Dordrecht: Springer Netherlands , 2014: 153-172.

[147] NAKAMURA J, CSIKSZENTMIHALYI M. Flow theory and research[M]// SNYDER C R, LOPEZ S J. Oxford handbook of positive psychology（2nd ed.）. Oxford: Oxford University Press, 2009: 195-206.

[148] PEARCE J M, AINLEY M, HOWARD S. The ebb and flow of online learning[J]. Computers in Human Behavior, 2005, 21（5）: 745-771.

[149] GUO Y M, POOLE M S. Antecedents of flow in online shopping: A test of alternative models[J]. Information Systems Journal, 2009, 19（4）: 369-390.

[150] CSIKSZENTMIHALYI M, NAKAMURA J. Effortless attention in everyday life: A systematic phenomenology[M]// BRUYA B. Effortless attention: A new perspective in the cognitive science of attention and action. Cambridge, MA: The MIT Press, 2010: 179-190.

[151] BONAIUTO M, MAO Y H, ROBERTS S, et al. Optimal experience and personal growth: Flow and the consolidation of place identity[J]. Frontiers in Psychology, 2016, 7（7）: 1654.

[152] WANG L C, HSIAO D F. Antecedents of flow in retail store shopping[J]. Journal of Retailing and Consumer Services, 2012, 19（4）: 381-389.

[153] LØVOLL H S, VITTERSØ J. Can balance be boring? A critique of the 'challenges should match skills' hypotheses in flow theory[J]. Social Indicators Research, 2012, 115（1）: 117-136.

[154] 王舒. 学习活动中引发心流的条件: 基于认知负荷视角 [D]. 上海: 上海师范大学, 2020.

[155] CLARKE S G, HAWORTH J T. 'Flow' experience in the daily lives of sixth-form college students[J]. British Journal of Psychology, 1994, 85（4）: 511-523.

[156] 李成龙. 大学生学习沉浸体验的实证研究 [D]. 天津: 天津师范大学,

2015.

[157] HAWORTH J, EVANS S. Challenge, skill and positive subjective states in the daily life of a sample of YTS students[J]. Journal of Occupational and Organizational Psychology, 1995, 68（2）: 109-121.

[158] SHERNOFF D J, CSIKSZENTMIHALYI M, SHNEIDER B, et al. Student engagement in high school classrooms from the perspective of flow theory[J]. School Psychology Quarterly, 2003, 18（2）: 158-176.

[159] PRESCOTT S, CSIKSZENTMIHALYI M. Environmental effects on cognitive and affective states: The experiential time sampling approach[J]. Social Behavior and Personality, 1981, 9（1）: 23-32.

[160] 何彦汝. 基于心流体验的哈尔滨居住区户外活动空间设计研究 [D]. 哈尔滨: 哈尔滨工业大学, 2018.

[161] FONG C J, ZALESKI D J, LEACH J K. The challenge-skill balance and antecedents of flow: A meta-analytic investigation[J]. The Journal of Positive Psychology, 2015, 10（5）, 425-446.

[162] FAVE A D, MASSIMINI F. The investigation of optimal experience and apathy: Developmental and psychosocial implications[J]. European Psychologist, 2005, 10(4): 264-274.

[163] DELLE FAVE A, MASSIMINI F, BASSI M. Psychological selection and optimal experience across cultures: Social empowerment through personal growth[M]. Dordrecht: Springer, 2011.

[164] CEJA L, NAVARRO J. Dynamics of flow: A nonlinear perspective[J]. Journal of Happiness Studies, 2009, 10（6）: 665-684.

[165] RATHUNDE K, CSIKSZENTMIHALYI M. Middle school students' motivation and quality of experience: A comparison of montessori and traditional school environments[J]. American Journal of Education, 2005, 111（3）: 341-371.

[166] CSIKSZENTMIHALYI M, SCHNEIDER B. Becoming adult: How

teenagers prepare for the world of work[M]. New York: Basic Books, 2000.

[167] RHEINBERG F, VOLLMEYER R. Flow-erleben in einem computerspiel unter experimentell variierten bedingungen (Flow experience in a computer game under experimentally controlled conditions) [J]. Zeitschrift Für Psychologie, 2003, 211 (4): 161-170.

[168] SCHÜLER J. Arousal of flow experience in a learning setting and its effects on exam performance and affect[J]. Zeitschrift für Pädagogische Psychologie, 2007, 21 (3-4): 217-227.

[169] KELLER J, BLESS H, BLOMANN F, et al. Physiological aspects of flow experiences: Skills- demand-compatibility effects on heart rate variability and salivary cortisol[J]. Journal of Experimental Social Psychology, 2011, 47 (4): 849-852.

[170] KONRADT U, FILIP R, HOFFMANN S. Flow experience and positive affect during hypermedia learning[J]. British Journal of Educational Technology, 2003, 34 (3): 309-327.

[171] WANG C C, HSU M C. An exploratory study using inexpensive electroencephalography (EEG) to understand flow experience in computer-based instruction[J]. Information and Management, 2014, 51 (7): 912-923.

[172] KELLER J, RINGELHAN S, BLOMANN F. Does skills-demands compatibility result in intrinsic motivation? Experimental test of a basic notion proposed in the theory of flow-experiences[J]. The Journal of Positive Psychology: Dedicated to furthering research and promoting good practice, 2011, 6 (5): 408-417.

[173] COHEN J. Statistical power analysis for the behavioral sciences[M]. San Diego, CA: Academic Press, 1977.

[174] 罗杰，冷卫东. 系统评价/Meta 分析理论与实践 [M]. 北京：军事医

学科学出版社，2013.

[175] 石修权，曹博玲. 用失安全系数判断发表偏倚的效果及对策 [J]. 中国医学创新，2012，9（26）：134-136.

[176] ABUHAMDEH S，CSIKSZENTMIHALYI M. Attentional involvement and intrinsic motivation[J]. Motivation and Emotion，2012，36（3）：257-267.

[177] HARTER S. Pleasure derived from challenge and the effects of receiving grades on children's difficulty level choices[J]. Child Development，1978，49（3）：788-799.

[178] DECI E L，RYAN R M. Intrinsic motivation and self-determination in human behavior[M]. New York：Springer，1985.

[179] KO S M，JI Y G. How we can measure the non-driving-task engagement in automated driving：Comparing flow experience and workload[J]. Applied ergonomics，2018，67：237-245.

[180] TOZMAN T，MAGDAS E S，MACDOUGALL H G，et al. Understanding the psychophysiology of flow：A driving simulator experiment to investigate the relationship between flow and heart rate variability[J]. Computers in Human Behavior，2015，52：408-418.

[181] 罗俊波. 气排球运动参与者心流体验特质研究 [J]. 体育科技文献通报，2021，29（5）：50-52.

[182] CHEN H，WIGAND R T，NILAN M S. Optimal experience of web activities[J]. Computers in Human Behavior，1999，15（5）：585-608.

[183] NOVAK T P，HOFFMAN D L，YUNG Y F. Measuring the customer experience in online environments：A structural modeling approach[J]. Marketing Science，2000，19（1）：22-42.

[184] HAWKINS D I，MOTHERSBAUGH D，BEST R J. Consumer behavior：Building marketing strategy（10th ed）[M]. New York：McGraw-Hill/ Irwin Publisher，2006.

[185] CONNOLLY C T. Attentional strategies and their relationship with perceived

exertion and flow [D]. Florida： The Florida State University，2007.

[186] DE SAMPAIO B M F，ARAÚJO-MOREIRA F M，TREVELIN L C，et al. Flow experience and the mobilization of attentional resources[J]. Cognitive，Affective and Behavioral Neuroscience，2018，18（4）：810-823.

[187] SHIN N. Online learner's 'flow' experience: An empirical study[J]. British Journal of Educational Technology，2006，37（5）：705-720.

[188] PAYNE B R，JACKSON J J，NOH S R，et al. In the zone：Flow state and cognition in older adults[J]. Psychology and Aging，2011，26（3）：738-743.

[189] 徐倩 . 羽毛球运动员流畅心理状态特征及影响因素研究 [D]. 长沙：湖南师范大学，2017.

[190] 饶遵玲 . 正念训练对小学生体育锻炼的心理流畅状态的影响研究 [D]. 成都：成都体育学院，2021.

[191] 苏榆 . 广场集体舞人群提升幸福感的新途径：流畅体验 [D]. 曲阜：曲阜师范大学，2013.

[192] 张静 . 中学生语文学习流畅状态及其与自信和生活满意度关系的研究 [D]. 南昌：江西师范大学，2012.

[193] 肖如锋 . 初中生参与足球比赛的流畅体验特征研究 [D]. 武汉：中南民族大学，2019.

[194] 祝丽怜 . 员工工作沉浸及其对工作绩效的影响 [D]. 武汉：华中科技大学，2013.

[195] 刘微 . 大学生自我效能感、学习沉浸体验与学业拖延的关系研究 [D]. 哈尔滨：哈尔滨工程大学，2017.

[196] 钟烨 . 基于心流理论的新媒体运营工作游戏化设计研究 [D]. 武汉：武汉理工大学，2018.

[197] 乔小艳 . 角色扮演游戏情境中的心流影响研究 [D]. 南京：南京师范大学，2012.

[198] 杨雪 . 网络游戏沉浸感测量问卷的编制 [D]. 武汉：华中师范大学，

2015.

[199] HODGE K, LONSDALE C, JACKSON S A. Athlete engagement in elite sport: An exploratory investigation of antecedents and consequences[J]. The Sport Psychologist, 2009, 23（2）: 186-202.

[200] SCHWARTZ S J, WATERMAN A S. Changing interests: A longitudinal study of intrinsic motivation for personally salient activities[J]. Journal of Research in Personality, 2006, 40（6）: 1119-1136.

[201] DEITCHER J. Facilitating flow at work: Analysis of the dispositional flow scale-2 in the workplace [D]. Nova Scotia: Saint Mary's University, 2011.

[202] BAKKER A B. Flow among music teachers and their students: The crossover of peak experiences[J]. Journal of Vocational Behavior, 2005, 66（1）: 26-44.

[203] MARSH H W, JACKSON S A. Flow experience in sport: Construct validation of multidimensional, hierarchical state and trait responses[J]. Structural Equation Modeling: A Multidisciplinary Journal, 1999, 6（4）: 343-371.

[204] VLACHOPOULOS S P, KARAGEORGHIS C I, TERRY P C. Hierarchical confirmatory factor analysis of the flow state scale in exercise[J]. Journal of sports sciences, 2000, 18（10）: 815-823.

[205] NAH F H, ESCHENBRENNER B, DEWESTER D, et al. Impact of flow and brand equity in 3D virtual worlds[J]. Journal of Database Management, 2010, 21（3）: 69-89.

[206] WATERMAN A S, SCHWARTZ S J, GOLDBACHER E, et al. Predicting the subjective experience of intrinsic motivation: The roles of self-determination, the balance of challenges and skills, and self-realization values[J]. Personality and Social Psychology Bulletin, 2003, 29（11）: 1447-1458.

[207] GUO Y M, RO Y K. Capturing flow in the business classroom[J]. Decision Sciences Journal of Innovative Education, 2008, 6（2）: 437-462.

[208] CHAN T S, AHERN T C. Targeting motivation-adapting flow theory to instructional design[J]. Journal of Educational Computing Research, 1999, 21（2）: 151-163.

[209] WATERMAN A S, SCHWARTZ S J, CONTI R. The implications of two conceptions of happiness（hedonic enjoyment and eudaimonia）for the understanding of intrinsic motivation[J]. Journal of Happiness Studies, 2008, 9（1）: 41-79.

[210] SNOW K Y. Work relationships that flow: Examining the interpersonal flow experience, knowledge sharing, and organizational[D]. California: Claremont Graduate University, 2010.

[211] MARTY-DUGAS J, SMILEK D. Deep, effortless concentration: Re-examining the flow concept and exploring relations with inattention, absorption, and personality[J]. Psychological Research, 2019, 83（8）: 1760-1777.

[212] SCHÜLER J, NAKAMURA J. Does flow experience lead to risk? How and for whom[J]. Applied Psychology: Health and Well-Being, 2013, 5（3）: 311-331.

[213] SWANN C, KEEGAN R J, PIGGOTT D, et al. A systematic review of the experience, occurrence, and controllability of flow states in elite sport[J]. Psychology of Sport and Exercise, 2012, 13（6）: 807-819.

[214] 黄希庭, 毕重增. 心理学[M]. 第2版. 上海: 上海教育出版社, 2020.

[215] BRUYA B. Effortless attention: A new perspective in the cognitive science of attention and action. Cambridge, MA: MIT Press, 2010.

[216] 殷悦. 游戏心流: 以认知负荷和表现为视角[D]. 上海: 上海师范大学,

2019.

[217] 刘微娜，季浏，Watson Ⅱ J C. 流畅状态的认知干预：目标设置 [J]. 上海体育学院学报，2013，37（2）：72-80.

[218] 田雨. 不同任务难度对高低羞怯个体心流体验的影响 [D]. 济南：山东师范大学，2016.

[219] DERRYBERRY D，REED M A. Anxiety-related attentional biases and their regulation by attentional control[J]. Journal of Abnormal Psychology，2002，111（2）：225-236.

[220] ATKINSON J W. An introduction to motivation[M]. Princeton，NJ：V an Nostran，1964.

[221] 高宪礼. 考试焦虑、成就动机和 CET-4 考试成绩关系研究 [J]. 西南交通大学学报（社会科学版），2010，11（3）：20-24.

[222] 李文利，钱铭怡. 状态特质焦虑量表中国大学生常模修订 [J]. 北京大学学报（自然科学版），1995（1）：108-112.

[223] LARCHE C J，DIXON M J. The relationship between the skill-challenge balance，game expertise，flow and the urge to keep playing complex mobile games[J]. Journal of Behavioral Addictions，2020，9（3）：606-616.

[224] TOZMAN T，ZHANG Y Y，VOLLMEYER R. Inverted U-shaped function between flow and cortisol release during chessplay[J]. Journal of Happiness Studies，2017，18（1）：247-268.

[225] DESPOINA X，ARNOLD B B，REMUS I，etal. 'Suddenly I get into the zone'：Examining discontinuities and nonlinear changes in flow experiences at work[J]. Human Relations，2012，65（9）：1101-1127.

[226] STAVROU N A，JACKSON S A，ZERVAS Y，et al. Flow experience and athletes' performance with reference to the orthogonal model of flow[J]. The Sport Psychologist，2007，21（4）：438-457.

[227] 贝利 C. 专注力：心流的惊人力量 [M]. 黄邦福，译. 北京：北京联

合出版公司，2020.

[228] ABUHAMDEH S，CSIKSZENTMIHALYI M. The importance of challenge for the enjoyment of intrinsically motivated，goal-directed activities[J]. Personality and Social Psychology Bulletin，2012，38（3）：317-330.

[229] 杨国愉．青年军人特质焦虑及其认知加工特点 [D]. 重庆：西南大学，2007.

[230] 谭嘉辉，赖勤，黄竹杭．注意焦点对运动技能学习影响的元分析研究 [J]. 北京体育大学学报，2012，35（4）：80-87，110.

[231] MARTY-DUGAS J，HOWES L，SMILEK D. Sustained attention and the experience of flow[J]. Psychological Research，2020，85（7）：1-15.

[232] ABDOLLAHIPOUR R，NIETO M P，PSOTTA R，et al. External focus of attention and autonomy support have additive benefits for motor performance in children[J]. Psychology of Sport and Exercise，2017，32：17-24.

[233] WULF G，MCNEVIN N，SHEA C H. The automaticity of complex motor skill learning as a function of attentional focus[J]. The Quarterly Journal of Experimental Psychology，2001，54（4）：1143-1154.

[234] CSIKSZENTMIHALYI M. Finding flow：The psychology of engagement with everyday life[M]. NY：Basic Books，1997.

[235] DIETRICH A. Neurocognitive mechanisms underlying the experience of flow[J]. Consciousness and Cognition，2004，13（4）：746-761.

[236] DWECK C S. Motivational processes affecting learning[J]. American Psychologist，1986，41（10）：1040-1048.

[237] WULF G，LEWTHWAITE R. Effortless motor learning? An external focus of attention enhances movement effectiveness and efficiency[M]// BRUYA B. Effortless attention：A new perspective in the cognitive science of attention and action. Cambridge，MA：The MIT Press，2010：75-101.

[238] 李燕平，郭德俊. 目标理论述评 [J]. 应用心理学，1999（2）：34-37.

[239] DWECK C S，LEGGETT E. A social cognitive approach to motivation and personality[J]. Psychological Review，1988，95（2）：256-273.

[240] SMILEY P A，DWECK C S. Individual differences in achievement goals among young children[J]. Child Development，1994，65（6）：1723-1743.

[241] MCNEVIN N H，SHEA C H，WULF G. Increasing the distance of an external focus of attention enhances learning[J]. Psychological Research，2003，67（1）：22-29.

[242] WULF G，PRINZ W. Directing attention to movement effects enhances learning: A Review[J]. Psychonomic Bulletin & Review，2001，8（4）：648-660.

[243] CSIKSZENTMIHALYI M. Learning，flow and happiness[M]// CSIKSZENTMIHALYI M. Applications of flow in human development and education. Dordrecht：Springer Netherlands，2014：153-172.

[244] DERAKSHAN N，EYSENCK M W. Anxiety，processing efficiency，and cognitive performance new developments from attentional control theory[J]. European Psychologist，2009，14（2）：168-176.

[245] 符明秋，王洪. 运动心理学领域流畅状态的研究进展 [J]. 武汉体育学院学报，2006（1）：49-52.

[246] CERMAKOVA L，MONETA G B，SPADA M M. Dispositional flow as a mediator of the relationships between attentional control and approaches to studying during academic examination preparation[J]. Educational Psychology，2010，30（5）：495-511.

[247] 刘群. 优秀散打运动员特质焦虑、个性特征与注意集中程度的研究 [D]. 西安：西安体育学院，2013.

[248] EYSENCK M W，DERAKSHAN N. New perspectives in attentional control theory[J]. Personality and Individual Differences，2011，50（7）：

955–960.

[249] 于永菊. 焦虑和抑郁对正负性注意偏向的影响：注意控制的中介作用 [J]. 心理与行为研究，2020，18（1）：121–127.

[250] 余香莲. 社交焦虑个体注意偏向和注意控制的特点、神经机制及关系探索 [D]. 福州：福建师范大学，2017.

[251] 张慧籽. 情绪、情绪调节策略和注意控制对运动员注意偏向的影响 [D]. 北京：北京体育大学，2015.

[252] 汤丹丹，温忠麟. 共同方法偏差检验：问题与建议 [J]. 心理科学，2020，43（1）：215–223.

[253] HAYES A F. Introduction to mediation, moderation, and conditional process analysis: A regression-based approach[M]. New York, NY: The Guilford Press, 2013.

[254] 李冬梅，张红，郭德俊. 青少年心境动态发展特点研究 [J]. 首都师范大学学报（社会科学版），2008（2）：128–134.

[255] HEADEY B, WEARING A. Personality, life events, and subjective well-being: Toward a dynamic equilibrium model[J]. Journal of Personality and Social Psychology, 1989, 57（4）：731–739.

[256] CUMMINS R A, GULLONE E, LAU A L D. A model of subjective well-being homeostasis: The role of personality[M]// GULLONE E, CUMMINS R A. The universality of subjective wellbeing indicators: Social indicators research series. Dordrecht: Kluwer, 2002: 7–46.

[257] 季丹，郭政，李武. Flow 理论视角下的社会化阅读行为影响因素 [J]. 图书馆论坛，2020，40（5）：116–122.

[258] 吴小梅. 电子商务网站特征对心流体验的影响研究 [J]. 重庆大学学报（社会科学版），2015，21（3）：50–57.

[259] SRIVASTAVA K, SHUKLA A, SHARMA N. Online flow experiences: The role of need for cognition, self-efficacy, and sensation seeking tendency[J]. International Journal of Business Insights and Transformation, 2010, 3（2）：93–101.

[260] 曲少波. 自行车长途骑行爱好者骑行流畅心理状态分析 [D]. 武汉：华中师范大学，2013.

[261] CUMMINS R A，LAU A L D，DAVERN M T. Subjective Wellbeing Homeostasis[M]// LAND K C，et al. Handbook of social indicators and quality of life research. New York：Springer，2012：79-98.

[262] VAIDYA J G，GRAY E K，HAIG J, et al. On the temporal stability of personality：Evidence for differential stability and the role of life experiences[J]. Journal of Personality and Social Psychology，2002，83（6）：1469-1484.

[263] 衣新发，敖选鹏，鲍文慧. 奇克岑特米哈伊的创造力系统模型及心流体验研究 [J]. 贵州民族大学学报（哲学社会科学版），2021（1）：126-164.

[264] 惠秋平，陈冉，何安明. 初中生感恩与心理健康的交叉滞后分析 [J]. 中国临床心理学杂志，2015，23（4）：733-735，740.

[265] LUCAS R E，DIENER E. Personality and subjective well-being[M]// DIENER E. The science of well- being. Dordrecht：Springer，2009：75-102.

[266] 尹霞云，黎志华. 主观幸福感：稳定的人格特质还是情境状态 [J]. 心理与行为研究，2015，13（4）：521-527.

[267] 向燕辉，何佳丽，李清银. 嫉妒与幸福感因果机制：基于追踪和日记法研究 [J]. 心理学报，2022，54（1）：40-53.

[268] 塞利格曼 M. 真实的幸福 [M]. 洪兰，译. 沈阳：万卷出版公司，2010.

[269] BARTLETT M Y，ARPIN S N. Gratitude and Loneliness：Enhancing Health and Well-Being in Older Adults[J]. Research on Aging，2019，41（8）：772-793.

[270] 侯典牧，刘翔平，李毅. 基于优势的大学生乐观干预训练 [J]. 中国临床心理学杂志，2012，20（1）：120-124.

[271] 翟雪松，孙玉琏，沈阳，等. "虚拟现实＋触觉反馈"对学习效率

的促进机制研究：基于 2010—2021 年的元分析 [J]. 远程教育杂志，2021，39（5），24-33.

[272] 张梦欣，苟娟琼，王莉. 面向学习过程的桌面虚拟现实环境临场感研究 [J]. 现代远距离教育，2022（2）：55-65.

[273] LAYOUS K，NELSON S K，LYUBOMIRSKY S. What is the optimal way to deliver a positive activity intervention? The case of writing about one's best possible selves[J]. Journal of Happiness Studies，2013，14（2）：635-654.

[274] AHERNE C，MORAN A P，LONSDALE C. The effect of mindfulness training on athletes' flow: An initial investigation[J]. The Sport Psychologist，2011，25（2）：177-189.

[275] 卜丹冉. "正念—接受—觉悟—投入"训练对网球运动员心理干预效果检验的个案研究 [J]. 湖北体育科技，2015，34（1）：54-57.

[276] LEE S，SHIN J，HAN J，et al. Effect of belly button meditation（BBM）on stress response，physical symptoms，work flow of the workers[J]. Korean Journal of Stress Research，2017，25（1）：8-16.

[277] PATES J，OLIVER R，MAYNARD I. The Effects of Hypnosis on Flow States and Golf-Putting Performance[J]. Journal of Applied Sport Psychology，2001，13（4）：341-354.

[278] 彭彦琴，居敏珠. 正念机制的核心：注意还是态度 ?[J]. 心理科学，2013，36（4）：1009-1013.

[279] TANG Y Y，MA Y，WANG J，et al. Short-term meditation training improves attention and self-regulation[J]. Proceedings of the National Academy of Sciences of the United States of America，2007，104（43）：17152-17156.

[280] GARDNER F L，MOORE Z E. The psychology of enhancing human performance：The mindfulness-acceptance-commitment （MAC） approach[M]. New York：Springer Publishing Company，2007.

[281] LIU F B，ZHANG Z Q，LIU S Q，et al. Examining the effects of

brief mindfulness training on athletes' flow：The mediating role of resilience[J]. Evidence- Based Complementary and Alternative Medicine，2021,2021: 6633658.

[282] GARDNER F L，MOORE Z E. A mindfulness-acceptance-commitment-based approach to athletic performance enhancement：Theoretical considerations[J]. Behavior Therapy，2004，35（4）：707-723.

[283] KHOURY B，SHARMA M，RUSH S E，et al. Mindfulness-based stress reduction for healthy individuals：A meta-analysis[J]. Journal of psychosomatic research，2015，78（6）：519-528.

[284] VEEHOF M M，TROMPETTER H R，BOHLMEIJER E T，et al. Acceptance- and mindfulness-based interventions for the treatment of chronic pain：A meta-analytic review[J]. Cognitive Behaviour Therapy，2016，45（1）：5-31.

[285] 任志洪，张雅文，江光荣. 正念冥想对焦虑症状的干预：效果及其影响因素元分析 [J]. 心理学报，2018，50（3）：283-305.

[286] 李佳新. 正念减压（MBSR）对钢架雪车运动员焦虑情绪及注意控制的影响 [D]. 北京：首都体育学院，2020.

[287] 西格尔，威廉斯，蒂斯代尔. 抑郁症的正念认知疗法 [M]. 第二版. 余红玉，译. 北京：世界图书出版公司北京公司，2016.

[288] 蒂斯代尔，威廉斯，西格尔. 八周正念之旅：摆脱抑郁与情绪压力 [M]. 聂晶，译. 北京：中国轻工业出版社，2017.

[289] 胡君梅. 正念减压自学全书 [M]. 北京：中国轻工业出版社，2019.

[290] 杰默，西格尔. 心理治疗中的智慧与慈悲 [M]. 朱一峰，译. 北京：中国轻工业出版社，2017.

[291] 波拉克，佩杜拉，西格尔. 正念心理治疗师的必备技能 [M]. 李丽娟，译. 北京：中国轻工业出版社，2017.

[292] 哈里斯 R. 接纳承诺疗法简明实操手册 [M]. 祝卓宏，等译. 北京：机械工业出版社，2016.

[293] KAUFMAN K A，GLASS C R，PINEAU T R. Mindful sport performance enhancement：Mental training for athletes and coaches[M]. Washington：American Psychological Association，2018.

[294] GOLDIN P，ZIV M，JAZAIERI H，et al. MBSR vs aerobic exercise in social anxiety：fMRI of emotion regulation of negative self-beliefs[J]. Social Cognitive and Affective Neuroscience，2013，8（1）：65-72.

[295] 王越. 系统理论与人工系统设计学 [M]. 北京：北京理工大学出版社，2019.

[296] 张发，于振华. 大规模复杂系统认知分析与构建 [M]. 北京：国防工业出版社，2019.

[297] 郑盼盼，吕振勇，JACKSON D. 自我客体化对女性心理健康的影响及其机制 [J]. 心理科学进展，2015，23（1）：93-100.

[298] GUIZZO F，CADINU M. Effects of objectifying gaze on female cognitive performance：The role of flow experience and internalization of beauty ideals[J]. British Journal of Social Psychology，2017，56（2）：281-292.

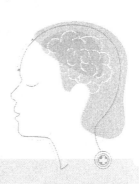

附　录

附录 1 打游戏体验评估

本实验任务是完成不同难度的俄罗斯方块游戏，通过操纵左键、右键、旋转键来移动方块，使之排列成完整的一行或多行就可以消除掉，注意不要使用快速下落键。游戏中出现无聊、厌倦、紧张、焦虑等情况是正常的，不用强迫自己完美地完成任务，按照自己正常的状态发挥即可。在每个难度等级的游戏结束后，都要完成问卷。

下列问题与你在刚才操作游戏过程中可能体验到的各种想法和感受有关。请认真阅读每个句子的描述，根据你在刚刚结束的游戏中的感受，判断句中描述与你的感受相符合的程度，在问题后面的空格填写与你的感受最匹配的数字。

1= 完全不符合　2= 比较不符合　3= 一般　4= 比较符合　5= 完全符合

刚刚完成的游戏等级名称	Speed1	Speed3	Speed5	Speed6…
1. 我感觉自己的能力足够满足游戏的要求				
2. 我打游戏时是跟着感觉自动操作的，有一种流畅感				
3. 我清楚地意识到下一刻我该如何操作				
4. 在刚才的游戏中，我知道自己操作得怎么样				
5. 我在游戏中注意力高度集中				
6. 我对刚才进行的游戏有很强的掌控感				

续 表

刚刚完成的游戏等级名称	Speed1	Speed3	Speed5	Speed6	…
7.刚才我只顾打游戏，没有自我反省，也不考虑别人对我的评价					
8.刚才玩游戏时，我觉得时间过得比平时快					
9.我很享受刚才打游戏的感觉，愿意继续玩下去					

附录2　挑战与技能水平评估

在刚刚完成的游戏任务中，你对游戏的挑战水平以及你打游戏的技能评价如何？下面的每一个问题都有7级评分，请把与你的感受相符合的数字填入空格中。

刚刚完成的游戏等级名称	Speed1	Speed3	Speed5	Spee6	…
Ⅰ.相比俄罗斯方块游戏其他等级的任务，刚刚的游戏挑战水平（难度）如何？ 非常容易　　中等　　非常困难 　1　2　3　4　5　6　7					
Ⅱ.在刚刚的游戏中，我的打游戏技能水平如何？ 很低　　中等　　很高 　1　2　3　4　5　6　7					
Ⅲ.用我的打游戏水平来衡量，刚刚的游戏难度如何？ 很低　　刚好　　很高 　1　2　3　4　5　6　7					

附录 3 特质焦虑量表

下面列出的是一些人们常常用来描述自己的陈述，请阅读每一个陈述，根据你的实际情况在右边适当的选项序号上画√，来表示你平常的感觉。回答没有对错之分，不要对任何一个陈述花太多的时间去考虑，该调查仅用于科学研究，请放心填写。

题目	评分（①几乎没有 ②有时 ③经常 ④总是）			
1. 我感到愉快	①	②	③	④
2. 我感到神经过敏和不安	①	②	③	④
3. 我感到自我满足	①	②	③	④
4. 我希望能像别人那样高兴	①	②	③	④
5. 我感到我像衰竭一样	①	②	③	④
6. 我感到很宁静	①	②	③	④
7. 我是平静的、冷静的和泰然自若的	①	②	③	④
8. 我感到困难——堆集起来，因此无法克服	①	②	③	④
9. 我过分忧虑一些事，实际这些事无关紧要	①	②	③	④
10. 我是高兴的	①	②	③	④
11. 我的思想处于混乱状态	①	②	③	④
12. 我缺乏自信心	①	②	③	④
13. 我感到安全	①	②	③	④
14. 我容易做出决断	①	②	③	④
15. 我感到不合适	①	②	③	④

续　表

题目	评分（①几乎没有 ②有时 ③经常 ④总是）
16. 我是满足的	①　②　③　④
17. 一些不重要的思想总是缠绕着我，并打扰我	①　②　③　④
18. 我产生的沮丧是如此剧烈，以致我不能从思想中排除它们	①　②　③　④
19. 我是一个镇定的人	①　②　③　④
20. 当我考虑我目前的事情和利益时，我就陷入紧张状态	①　②　③　④

附录 4　注意控制量表

请仔细阅读下面每一个句子，根据你的第一反应，选出最符合自己的选项，并在对应的选项上打√，你的选择没有对错之分。

题目	评分（①几乎没有 ②有时 ③经常 ④总是）
1. 当周围嘈杂时，我很难专注于一项困难的任务	①　②　③　④
2. 当我需要专心和解决问题时，我很难集中注意力	①　②　③　④
3. 当我正在努力做事时，仍会被周围的事情分心	①　②　③　④
4. 即使房间里有音乐围绕，我的专注力也很好	①　②　③　④
5. 当专注的时候，我能集中注意力，以至觉察不到房间里正在发生什么	①　②　③　④
6. 当我阅读或学习时，如果房间里有人交谈，我很容易分心	①　②　③　④

题目	评分（①几乎没有 ②有时 ③经常 ④总是）
7. 当我试着集中注意力于某件事情上时，我很难摒除杂念	① ② ③ ④
8. 当我为某件事情感到兴奋时，我很难专心	① ② ③ ④
9. 当我专心时，我会无视饥饿或口渴的感觉	① ② ③ ④
10. 我能迅速地从一项任务转换到另一项任务	① ② ③ ④
11. 我要花些时间才能真正投入一项新的任务中	① ② ③ ④
12. 当听讲座要记笔记时，我很难在听和写之间协调我的注意力	① ② ③ ④
13. 当需要时，我能很快对一个新话题产生兴趣	① ② ③ ④
14. 我在电话交谈的同时，很容易边阅读边写东西	① ② ③ ④
15. 我很难同时进行两个对话	① ② ③ ④
16. 我很难快速提出新的想法	① ② ③ ④
17. 当被打断或分心之后，我能轻松地将注意力转回到之前在做的事情上	① ② ③ ④
18. 当脑子里出现分心的念头时，我很容易将注意力拉回来	① ② ③ ④
19. 我很容易在两项不同的任务之间轮换	① ② ③ ④
20. 我很难打破一种思维方式，而从另一个角度来看待事物	① ② ③ ④

附录 5　单词识记测验

请认真识记下面的 20 个英语单词，每个单词只呈现一次（9 秒钟），共计 3 分钟呈现完毕。呈现结束后，马上在测验纸上把单词的中文翻译写出来，写一个即可。限时 2 分钟完成任务，之后完成《学习体验评估》。

跨情境一致性实验中的部分单词：streamline、spotlight、downfall、wholesale、safeguard、commonplace、cocktail、paperback、supersonic、masterpiece、radioactive、zigzag、clockwise、lawsuit、briefcase...

干预实验中的部分单词：bankrupt、shorthand、farewell、commonwealth、fellowship、self-employed、duty-free、cyberspace、landlord、copyright、statesman、radioactive、straightforward、warfare、waterproof、hardware、nightmare、trademark、spotlight...

附录 6　单词识记学习体验评估

以下是对你刚才的学习状态的调查，请认真阅读下面的每个句子，判断句中描述与你自身相符合的程度，并把相应的数字填在后面的空格中。

1= 完全不符合　2= 比较不符合　3= 一般　4= 比较符合　5= 完全符合

题目	评分
1. 刚刚我感觉自己的能力足够满足情境的要求	
2. 刚刚我的行动是出于本能和自动的，很流畅	
3. 我清楚地意识到自己要做什么	
4. 刚刚从事学习活动时，我很清楚自己的表现如何	

题目	评分
5. 刚刚我在学习活动中注意力集中	
6. 刚刚我对正在进行的学习活动有完全的控制感	
7. 刚刚我只顾完成学习任务，不担心别人可能会怎样看待自己	
8. 刚才时间过得和平常不一样（比平时快／慢）	
9. 刚刚我的学习体验具有奖励性	

附录7　在线学习体验评估

　　以下是对你刚才在线学习状态的调查，请认真阅读下面的每个句子，判断句中描述与你自身相符合的程度，并把相应的数字填在后面的空格中。

　　1=完全不符合　2=比较不符合　3=一般　4=比较符合　5=完全符合

题目	评分
1. 刚才我感觉自己能达到线上学习的要求	
2. 刚才我在上课时头脑里想的与正在进行的学习内容几乎是一致的	
3. 刚才在线学习时我清楚地知道自己该做什么	
4. 我很清楚自己在刚才的在线学习中表现如何	
5. 刚才我在在线学习的过程中注意力集中	
6. 刚才我对正在进行的学习活动有完全的控制感	
7. 刚刚我只顾学习，不担心别人可能会怎样看待我	
8. 我感觉刚才的在线学习时间过得和平常不一样（比平时快／慢）	
9. 刚才的在线学习让我有愉悦感，我愿意再次参与这样的学习活动来体验这种感觉	

后　记

　　时光飞逝，笔者在自己的研究领域继续探索，也有了更深的理解与思考，于是决定对自己的博士学位论文进行进一步完善并出版，激励自己在学术道路上不断精进。回首读博这段宝贵的经历，一幕幕情景涌现心头。昔日的支持、开导、收获让我更加懂得感恩与责任，曾经的压力、迷茫、痛苦使我变得更加坚强与成熟。四年的酸甜苦辣、点点滴滴让我的人生经历了一次完美的蜕变，我要感谢这段经历，更要衷心地感谢读博期间指导我、帮助我、关心我的每一个人。

　　首先，感谢我敬重的导师包呼格吉乐图教授。我很庆幸能跟随包老师学习。包老师对我们的学术研究严格要求，对我们的生活关怀备至，与每一位同学坦诚相待。组会学习时，包老师经常把其他学科的概念或理论与我们的研究结合在一起，让我们深受启发。他在各学科之间游刃有余，也鼓励我们打破学科壁垒，开展跨学科研究，拓宽了我们的认知边界。包老师博览群书、笔耕不辍、每日精进、一丝不苟的精神深深地影响着我。

　　其次，感谢我的恩师辛自强教授。上辛老师的课以及完成辛老师留的作业，虽然让每一位同学都感到压力巨大，但是收获颇丰。辛老师会毫无保留地与我们分享最新的知识和自己独到的见解，尽心尽力地为我们的研究设计、报告提出宝贵的建议，认真地帮我们修改论文，对每一位前去求助的学生都会给予认真指导和帮助。辛老师严谨治学的态度和为教育无私奉献的精神，是我毕生的向往与追求。

　　还要感谢恩师七十三老师、乌云特娜老师、杨伊生老师、王俊秀老师、张玉柱老师、李杰老师、侯友老师、张晓阳老师、杨晓峰老师、刘敏老师、董利霞老师、张金钟老师、刘恒老师等。感谢各位老师在学业上对我的谆谆教导和生活中给予的无私帮助。在此再次向各位老师表示最真挚的感谢！也感谢母校给予我 11 年的培养，让我在学习心理学的道路上茁壮成长。

再次，感谢我所在单位的朱玉东书记、张妙珠书记、秦雪峰院长、云利英副院长等各位领导给予我的大力支持；感谢李强老师、刘彩梅老师、闫三会老师、王坤老师、赵晓英老师、刘至美老师、韩志花老师等各位同事为本书提供的大力帮助；感谢上海师范大学的罗俊龙老师和殷悦同学，华东师范大学的刘微娜老师，华中师范大学的任志洪老师，西南石油大学的梁丽老师，重庆文理学院的肖前国老师，中国人民大学的张亚利同学，内蒙古师范大学的王祥坤、张学敏、岳衡、王畅、吴云龙、李翠云、董耀华、金童林、雅茹、李鑫、黄明明等多位小伙伴，在研究过程中给我提供了宝贵的资料和建议；感谢可爱的大学生们来参与我的研究；还有一些默默帮助过我的人，在此，我再次衷心地感谢各位对我的支持与帮助。

最后，感谢我的家人给予我无限的爱和帮助，让我专心致志地去实现自己的梦想。感谢我的爱人，平时工作特别忙，还独自承担做家务和照顾孩子的重任，四年如一日，从不抱怨，总是包容我、鼓励我，你是我最坚强的后盾。感谢我的儿子，小小年纪就特别懂事，在你的记忆里妈妈一直忙着学习，很少陪你，爸爸很忙，经常把你单独留在家里，你不觉得委屈，反而爱上了读书，也变得很独立。现在妈妈毕业了，一定会多陪你，陪你去实现你的各种愿望。感谢父母和公婆对我的理解和关心，这几年我对你们的陪伴很少，你们却为我的小家操碎了心。

感谢中国商业出版社相关工作人员为本书付出的辛勤工作！本书在写作过程中参考了大量的中英文文献资料，汲取了很多优秀学者的研究成果，在此一并向各位作者致以诚挚的谢意！感谢我人生中的各位贵人，为我指路、给我帮助，让我不断向上攀登，去实现自己的梦想。

孙俊芳

二〇二三年七月于集宁师范学院